准噶尔盆地南缘中西段地质露头
典型构造解析图集

王小军 宋 永 吴孔友 梁则亮 朱 明 张 健 ◎等著

石油工业出版社

内 容 提 要

天山造山带是中亚最令人瞩目的一条由陆陆会聚而形成的陆内造山带，是全球公认的研究大陆动力学的天然实验室。本书通过对10条野外路线典型构造进行精细解析研究，对断裂、褶皱、不整合等构造类型进行详细剖析，并对典型构造现象进行形成模式分析。对主要的路线，利用野外露头戴帽，对覆盖区构造样式也进行了解释。

本书可供从事油气地质勘探方向研究人员使用，也可作为高等院校相关专业师生参考用书。

图书在版编目（CIP）数据

准噶尔盆地南缘中西段地质露头典型构造解析图集 /
王小军等著 . —北京：石油工业出版社，2023.4
ISBN 978-7-5183-5867-0

Ⅰ . ①准… Ⅱ . ①王… Ⅲ . ①准噶尔盆地 – 地质调查
– 野外作业 – 图集 Ⅳ . ① P622-64

中国国家版本馆 CIP 数据核字（2023）第 023366 号

出版发行：石油工业出版社
　　　　　（北京安定门外安华里 2 区 1 号　　100011）
　　　　　网　　址：www.petropub.com
　　　　　编辑部：（010）64523708　　图书营销中心：（010）64523633
经　　销：全国新华书店
印　　刷：北京中石油彩色印刷有限责任公司

2023 年 4 月第 1 版　2023 年 4 月第 1 次印刷
787×1092 毫米　开本：1/16　印张：12.5
字数：320 千字

定价：150.00 元
（如出现印装质量问题，我社图书营销中心负责调换）

《准噶尔盆地南缘中西段地质露头典型构造解析图集》

编写人员

王小军　宋　永　吴孔友　梁则亮　朱　明　张　健
甘仁忠　关　强　庞志超　袁　波　吴　鉴　冀冬生
魏凌云　李天然　李天明　卞　龙　杨　军　黄国荣
刘　巍　朱　卡　师天明　范本江　徐永华

前言
FOREWORD

　　天山造山带是一条由陆陆会聚而成的陆内造山带，从古生代以来经历了长期的构造演化，尤其是新生代以来的再次活化，导致了本区复杂的构造特征，因此在全球范围内具有独特性和活动性，是全球公认的研究大陆动力学的天然实验室。天山又被分为北天山、中天山和南天山，其中准噶尔盆地南缘就位于北天山的北麓。准噶尔盆地南缘中西段处于北天山山前盆—山过渡部位，地层变形复杂、构造现象丰富。该地区发育大量断裂、褶皱与不整合等地质构造，由于经历强烈的抬升剥蚀，地质现象丰富，且道路通行条件便利，是开展野外构造地质研究的有利场所。

　　准噶尔盆地地层变形复杂，构造类型多样，特别是盆地南缘中西段覆盖区，构造样式极为复杂，给地震资料解释、深层构造特征识别、圈闭类型与规模落实等带来了很大的困扰和不确定性，而盆缘山前良好的野外构造露头为认识覆盖区构造样式类型创造了条件。现今出露于山前的各类构造形成时间与覆盖区地下构造相近，且经历了相似的叠加、改造过程，只是山前经历更强烈的抬升，上覆地层被剥蚀，而露出地表，因此可以采用相似露头的研究方法，依据露头区构造解析，推测覆盖区构造样式，建立构造解释模型，以指导覆盖区的研究工作。

　　前人对准噶尔盆地南缘中西段山前野外露头开展的研究工作主要集中在层序地层的识别、划分及储层与沉积相研究等方面，对个别路线的典型构造进行了踏勘，但针对露头区构造的精细研究开展较少，缺乏多路线系统的构造解析，尚存在以下问题：（1）对构造类型、变形特征、组合样式及发育规律缺乏系统的野外调查及精细描述；（2）未对典型构造的位置与路线、构造特征、识别标志及性质开展精细描述和解析；（3）尚未形成系统的、可供从事油气勘探研究人员参考的野外露头典型构造成因分析成果；（4）该区地表露头构造极其复杂，地震资料成像与构造解释难度大，需要在野外露头典型构造样式分析研究基础上指导山前复杂构造带地下构造的解释。

准噶尔盆地南缘中西段野外露头典型构造解析研究工作主要针对：（1）头屯河路线、（2）昌吉河路线、（3）呼图壁河路线、（4）吐谷鲁河路线、（5）塔西河路线、（6）玛纳斯河路线、（7）清水河路线、（8）霍尔果斯河路线、（9）奎屯河路线、（10）四棵树河路线等10条野外路线进行了典型构造精细解析研究，对断裂、褶皱、不整合等构造类型进行了详细剖析，并对典型构造现象进行了形成模式分析。对主要的路线，利用野外露头戴帽，对覆盖区构造样式也进行了解释，进一步指导了油田生产实践。

本图集共分为五章，第一章重点介绍区域地质背景及野外路线的设计。第二章至第三章是主体内容，从10条野外踏勘路线中选择了近50个典型地质构造，通过精选340余张野外露头照片进行了详细的构造特征解析，并对代表性构造样式进行了构造形成模式分析；通过野外露头地质戴帽，解释了10条路线的地震剖面，建立了覆盖区构造样式。第四章总结了准噶尔盆地南缘中西段发育的构造样式及分布规律，对典型构造进行了演化过程分析，并通过大量的构造物理模拟实验，揭示了构造的形成机理。第五章为结论与认识。该图集能够为地质工作者了解准噶尔盆地南缘中西段发育的构造类型、特征，掌握构造的研究方法提供直观的指导手册，也能为南缘中西段山前地震资料解释提供构造模型。

野外路线的设计、图集的编制与修改等得到了新疆油田王绪龙、张越迁、李学义、郑孟林等领导和专家的大力支持与帮助，在此表示衷心的感谢！同时，由于时间紧，水平有限，加之天山造山带资料浩如烟海，构造多期叠加，极其复杂，有些现象认识不清、图集错漏与偏颇之处敬请批评斧正。

目录
► CONTENTS ◄

|第一章| 南缘中西段地质概况

　　准噶尔盆地位于新疆北部，是新疆"三山两盆"区域构造格局中的重要组成部分（王伟锋等，1999），面积约 $13 \times 10^4 km^2$。盆地周缘为褶皱山系所环绕，形似三角形，西北缘为扎伊尔山和哈拉阿拉特山，东北缘为阿尔泰山、青格里底山和克拉美丽山，南缘为天山山脉的博格达山和依林黑比尔根山（吴孔友等，2005；曲国胜等，2008）。盆地以逆冲断裂与周缘山系分界，并在山前形成数个前陆坳陷。该盆地为一个晚古生代—中新生代大型陆相挤压叠合盆地（张功成等，1998；赖世新等，1999；蔡忠贤，2000；李景明等，2002，2004；张朝军等，2006），自形成以来经历了复杂的构造演化，现今可以划分为3隆2坳1带6个一级构造单元和44个二级构造单元。本图集以准噶尔盆地南缘中西段野外地质露头典型构造解析为目标，进行精细的观测和描述，为山前复杂构造区开展地质构造研究提供指导，也为山前覆盖区复杂构造地震解释提供地质模型（图1-1）。

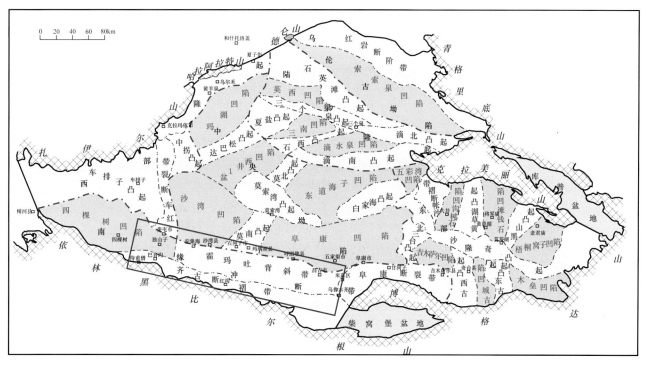

图1-1　准噶尔盆地南缘中西段位置图（蓝色方框标示）

第一节　区域板块构造背景

　　准噶尔盆地及其周缘造山带的构造形成演化直接受控于哈萨克斯坦、西伯利亚和塔里木三大板块间的相互作用（图1-2）。特别是塔里木板块与准噶尔地块之间的碰撞拼合，直接控制天山的构造演化（朱夏，1986）。通过梳理区域板块运动演化过程，可以为后文分析研究区内构造应力场及方向的变化提供佐证。

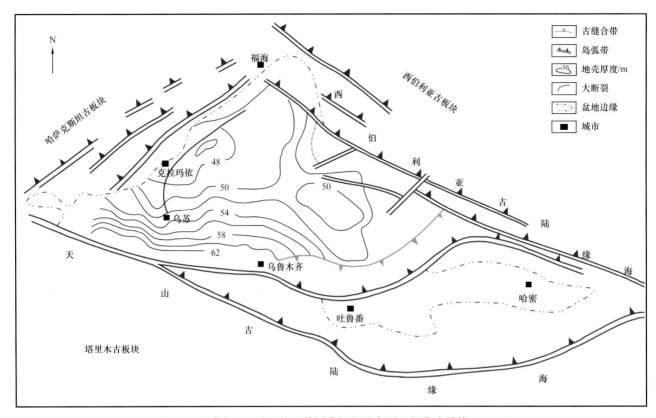

图1-2　准噶尔—吐哈地块及其周缘板块分布图（据黄汝昌等，1989）

一、塔里木板块构造演化

中元古代，塔里木板块、柴达木地块和准噶尔地块等从统一的古陆相继裂离而出。新元古代，塔里木运动促使古昆仑洋闭合消亡，震旦纪古塔里木板块基本稳固定型，形成稳定克拉通盆地。寒武纪—奥陶纪由于天山微陆块继续向北运动，板块北部洋盆发育，并与哈萨克斯坦板块分离。奥陶纪末期，加里东运动造成塔里木板块南北洋壳发生俯冲消减。志留纪，南天山洋逐步开始闭合。泥盆纪末期，塔里木板块与哈萨克斯坦板块碰撞拼贴，库地洋闭合，中昆仑地块拼贴到塔里木板块之上（田在艺等，1990；汤良杰，1996）。石炭纪—二叠纪是塔里木板块克拉通盆地演化后期的主要阶段，北缘与中天山发生陆—陆消减，东北缘与西南以弹性挠曲为主（何治亮等，1992）。三叠纪，整个中亚地区都处于一个相对稳定的构造期，塔里木板块活动较弱，未发生大规模碰撞。侏罗纪—古近纪，由于与欧亚大陆多次碰撞接触，造成板块边缘发育前陆盆地。新近纪—第四纪，印度板块向欧亚板块俯冲楔入，造成天山和昆仑山大幅度隆升推覆，塔里木板块的挠曲程度进一步加剧。

二、哈萨克斯坦板块构造演化

震旦纪之前，作为古塔里木板块的一部分，哈萨克斯坦板块一直在活动，先后经历了太古宙辽西旋回、阜平旋回、吕梁旋回、塔里木旋回的多次分离、聚合过程；直到元古宙，众多古老地块再次拼合，形成了罗迪尼亚超级大陆。震旦纪末期，罗迪尼亚超级大陆开始裂解，自此，哈萨克斯坦板块开始从古塔里木板块中分离出来，作为独立的板块开始活动（林水清等，2015）。震旦纪末—奥陶纪为天山洋扩张阶段，天山洋盆完成了由裂谷向被动大陆边缘海盆演化的过程；志留纪，南天山洋洋壳开始向哈萨克斯坦板块底部俯冲，天山洋开始收缩（陈哲夫等，1992）。中天山、伊犁及哈萨克斯坦境内的一些微陆块、岛弧和地体发生碰撞拼合，形成了哈萨克斯坦板块（王务严等，1997；塔斯肯等，2014）。

早泥盆世哈萨克斯坦板块和塔里木板块对接，洋盆闭合消失，形成统一的古大陆，形成甜水井—小黄山—雅干缝合带。晚泥盆世—早石炭世，伴随着南天山洋的完全闭合，哈萨克斯坦板块与塔里木板块、西伯利亚板块持续发生会聚，先期岛弧隆起带继续隆升并形成南深北浅的三塘湖盆地。并且已经成为哈萨克斯坦板块一部分的准噶尔地块分别与西伯利亚板块和塔里木板块拼贴，并向北漂移至高纬度地区。早石炭世在古亚洲洋向南俯冲下，古大陆再一次张裂形成洋盆（陈新等，2002）；随后哈萨克斯坦板块与波罗的板块持续碰撞使其发生顺时针旋转，导致哈萨克斯坦微陆块、古亚洲洋洋壳和古岛弧地体不断碰撞和增生（崔立伟等，2017；塔斯肯等，2018）。

早石炭世晚期，哈萨克斯坦板块与准噶尔地体发生碰撞，形成北天山海西期缝合带，与西伯利亚板块最终焊接拼合，成为统一的大陆板块（孙自明等，2001）。晚石炭世，哈萨克斯坦板块与周缘陆块整体向北漂移，其不断与塔里木板块、西伯利亚板块发生拼合、碰撞，进入造山挤压背景，导致准噶尔洋消减完毕，哈萨克斯坦板块西部与乌拉尔，南部与天山，东部与西准噶尔开始形成碰撞造山带，基本结束了新疆北部的洋陆转化阶段（塔斯肯等，2018）。随着洋壳俯冲作用的加剧，哈萨克斯坦板块和塔里木板块的大陆边缘形成岛弧带，最终两者成为联合古陆（泛大陆）的一个重要组成部分。早二叠世哈萨克斯坦板块与塔里木板块的碰撞、拼合已经完成。中—晚二叠世，哈萨克斯坦板块与西伯利亚板块之间发生强大的陆—陆叠覆造山作用，莫钦乌拉克拉麦里山系急剧隆升。随着古亚洲洋盆和西伯利亚板块俯冲碰撞，古亚洲洋封闭，全区三大板块拼合统一，进入板块内部构造演化时期。该阶段以北天山洋的闭合、二叠系强烈褶皱及北天山的强烈造山而结束。

北天山洋闭合后，哈萨克斯坦板块与准噶尔地块、塔里木地块完全拼接在一起。中生代哈萨克斯坦板块周缘洋盆完全消失并被塔里木、准噶尔等板块包围；东部陆缘发育北北东向构造活动带，形成陆相裂陷盆地，并伴有印支—燕山期中酸性岩浆活动；构造主应力也由弧后伸展应力转变为陆内挤压应力（林水清等，2015；崔立伟等，2017）。新生代之后，本区受地壳运动影响较小，区内构造活动较弱，以伸展构造活动和接受沉积覆盖为主，进而演化成现今的构造格架。

第二节　盆地南缘构造演化

准噶尔盆地是在准噶尔元古宇陆核基础上发育起来的大型陆内叠合盆地，其基底是古亚洲洋古陆块。华力西运动使古亚洲洋闭合并导致古亚洲造山区的形成（漆家福等，2008）。由于受晚海西、印支、燕山及喜马拉雅等多期构造运动的影响（赵白，1992；尤绮妹，1992；杨文孝等，1995），南缘中西段经历中生代、新生代两期变形，被分隔为"两坳一隆"地质格局，最终在喜马拉雅末期定型。

准噶尔盆地南缘中西段自太古宙以来大致可划分为以下六个大的构造演化阶段：

太古宙—元古宙早期：准噶尔及邻区古陆核开始形成发展，独立的准噶尔地体、哈萨克斯坦板块、西伯利亚板块、伊犁地体并存，它们之间为海洋所间隔；新元古代，准噶尔地体稳定发展（陈新等，2002）。

寒武纪—中志留世：处于北准噶尔洋伸展—消减阶段。表现为北准噶尔洋伸展和聚敛，早古生代初期，哈萨克斯坦板块为多个分散的小古板块，奥陶纪末期，已基本形成巨型的哈萨克斯坦板块，南部边缘表现为向塔里木板块前缘俯冲的消减带（席怡，2013）。

晚志留世—早石炭世：处于准噶尔洋盆形成与闭合阶段。中泥盆世晚期—晚泥盆世，准噶尔洋盆向北俯冲消减闭合，与俯冲消减作用有关的岛弧、洋壳残体逆掩推覆，阿尔泰—额尔齐斯造山褶皱带形成

（李永安，1995；王广瑞，1996；任纪舜，2003）。晚泥盆世—早石炭世，准噶尔地体向哈萨克斯坦板块和西伯利亚板块拼贴碰撞，分别形成西准噶尔造山褶皱带和东准噶尔造山褶皱带；伊犁地体向准噶尔地体拼贴，形成依林黑比尔根造山褶皱带，早石炭世晚期活动终止（陈新等，2002）。

中石炭世—三叠纪：古亚洲洋全面消亡，北天山有限洋盆向前陆盆地转换旋回。中石炭世—早二叠世，北天山地区为陆缘裂陷—有限洋盆环境，北疆及其相邻地区经历了一次较强烈的岩石圈扩张作用，形成了若干个陆内裂谷、裂陷盆地（陈发景，1999，2005）。中二叠世，盆地沉积与沉降中心位于乌鲁木齐—博格达一带；冲断坳陷构造作用结束了准噶尔盆地南缘晚石炭世—中二叠世裂谷盆地的演化历史，准噶尔盆地南缘及邻区作为一个相对独立统一的山前坳陷开始进入早期前陆盆地阶段（Beaumont等，1987；Allen等，1990；白斌，2008）。晚二叠世—三叠纪，随着塔里木板块与准噶尔板块拼合碰撞，导致依林黑比尔根山隆起，准噶尔—北天山盆山过渡带逐渐成为准噶尔盆地南缘边界构造带（漆家福等，2008）（图1-3）。

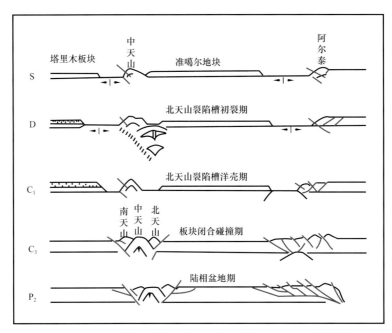

图1-3　北天山构造演化示意图（据吴庆福，1986，有修改）

早侏罗世—古近纪：为陆内调整断—坳盆地旋回阶段。侏罗纪早—中期，为坳陷盆地形成期，伸展断陷为主要特征。晚侏罗世，盆地转入挤压构造背景，造成腹部反转构造。近南北向的区域挤压作用使准噶尔—北天山盆山过渡带发育基底卷入式逆冲断裂。白垩纪后研究区再次成为一个独立发展的大型陆内统一的坳陷型盆地，沉降中心向南迁移，延续南坳北坡的构造格局。白垩纪—古近纪，准噶尔盆地在地壳均衡挠曲作用下继续发展，来自天山的挤压构造应力造成了准噶尔南缘大规模的逆冲推覆活动，使北天山快速隆升并向盆地逆冲形成了北天山冲断带（潘春孚等，2013），值得注意的是白垩纪的构造运动甚微，为研究区构造稳定发展期。古新世—始新世继承了白垩纪构造格局，盆地稳定下沉，渐新世晚期南缘构造活动加强。

新近纪—第四纪：强压扭再生前陆阶段。渐新世晚期—中新世初期，天山山系在喜马拉雅运动作用下受印度板块和欧亚板块强烈碰撞造山的影响，北天山大幅度隆升并向盆地内部逆冲，形成准噶尔盆地南缘前陆冲断带，使天山山前急剧下沉发育再生前陆盆地（刘和甫，1995）。准噶尔盆地南缘前陆冲断带总体上在区域挤压作用背景下发生逆冲挠曲变形，致使准噶尔盆地南缘强烈沉降及准噶尔盆地南缘再生前陆盆地的形成，发育多条冲断褶皱带，最终呈现准噶尔—北天山盆山过渡带构造分带、分段、分层结构特征。上新世—早更新世是准噶尔盆地南缘前陆盆地构造变动最活跃的时期，也是构造体制转变的重要时期，受喜马拉雅末期造山运动的影响，构造方面主要表现为北天山北缘的老地层逆冲于新近系之上普遍发育逆冲断褶，北天山大幅度逆冲隆升，表现为明显的挤压推覆特征，使天山山前进入再生前陆盆地的发展阶段（白斌，2008；侯蓉等，2017）。持续的南北向区域挤压作用使准噶尔—北天山盆山过渡带中不同"带""段""层"发生不同形式的构造变形。更新世—全新世喜马拉雅运动晚期，再生前陆盆地发育剧烈，盆地周边挤压收缩更强烈，强烈的挤压应力使构造带发育深部大断裂，构造带的背斜构造幅度也再一次得到加强，并最终定型，形成现今的构造特征。

第三节　南缘中西段地质露头概况

南缘中西段发育大量褶皱（图1-4），其第一排构造自东向西包括喀拉扎背斜、阿克屯背斜、昌吉背斜、齐古背斜、清水河背斜、南玛纳斯背斜、南安集海背斜及托斯台构造群，其中托斯台构造群中包含东托斯台背斜、南阿尔钦沟背斜、北阿尔钦沟背斜、将军沟背斜、吉尔格勒背斜西高点、小煤窑沟背斜、察哈乌松背斜等多个小型背斜；第二排构造带主要包括霍尔果斯背斜、玛纳斯背斜及安集海背斜；第三排构造带主要包括呼图壁背斜、安集海背斜及独山子背斜。

第一排构造往往由多个褶皱组成，并发育有大量调节型断裂；第二排构造中在霍—玛—吐背斜的核部发育一条区域性的霍玛吐断裂，该断裂以高角度切穿地表，受其影响，霍—玛—吐背斜北翼部分地层发生倒转，表现为断裂传播褶皱；第三排构造形成较晚，多为宽缓的直立或斜歪褶皱，只在独山子背斜北翼观察到一条逆断裂。整体上南缘中西段构造变形程度从南向北依次减弱，褶皱构造较为发育，发育霍玛吐断裂这一区域性断裂，其余断裂多为调节型断裂。

一、地层发育特征

准噶尔盆地南缘中西段出露的地层主要有石炭系、侏罗系、白垩系、古近系、新近系和第四系，局部出露三叠系（表1-1）。该区地层组成了地貌上的高山区和低山丘陵区，北天山主体高山区主要由石炭系组成，而三叠系—新近系则主要组成了南缘中西段的低山丘陵区。由山向盆地层基本上呈现出由老到新的展布规律，以上白垩统—新近系发育较好，而以侏罗系发育最佳，三叠系发育较差。

1. 石炭系

石炭系主要出露前峡组（C_2qx），该组分为上、中、下三个亚段，其中上段岩性以灰黑色凝灰岩为主，其次为晶屑沉凝灰岩、凝灰质砂岩。在凝灰质粉砂岩中含植物化石碎片；中段以黑灰色、灰绿色薄层碳质凝灰质粉砂岩、凝灰质中—粗粒砂岩为主，其次为凝灰岩、凝灰质砾岩；下段主要岩性为灰绿色、灰红色安山质细火山角砾岩、凝灰角砾岩、凝灰质砾岩，夹石灰岩透镜体。

2. 二叠系

二叠系主要由上统下仓房沟群（P_2CH_a）的泉子街组（P_2q）和梧桐沟组（P_2w）及下统阿尔巴萨依组（P_1a）上下段组成，其中下仓房沟群仅局限分布于玛纳斯河—紫泥泉子地区的山麓地带，主要为一套山麓河流相的紫红色、灰绿色砾岩、泥岩的互层夹砂岩，其上部富含安格拉群植物化石，底部与下伏石炭系呈断裂接触。阿尔巴萨依组上段主要岩性为灰紫色、灰绿色安山玢岩、霏细斑岩夹紫红色流纹斑岩，下段主要为紫红色安山质凝灰角砾岩、安山凝灰质角砾岩、含铁质细砾岩，夹杏仁状安山玢岩、辉石安山玢岩。

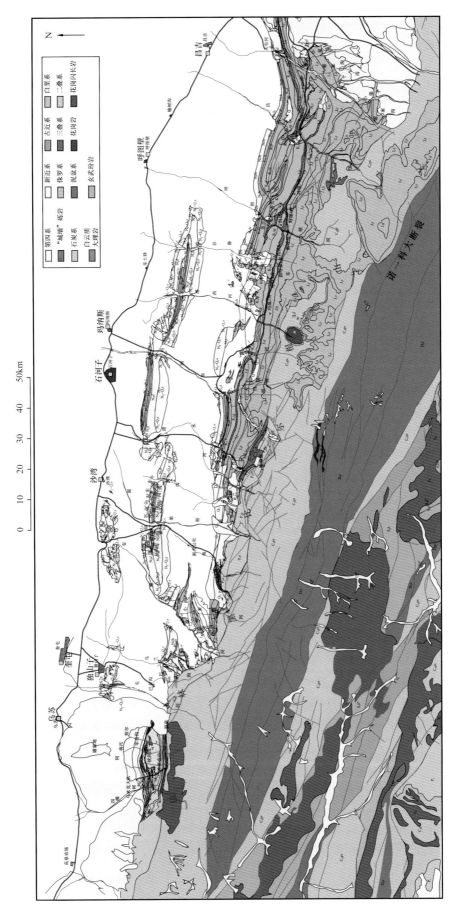

图 1-4　南缘中西段构造纲要图（据新疆油田）

表 1-1　南缘中西段地层情况表

界	系	统	组（群）		代号	年代/Ma	主要岩性
新生界	第四系	全新统			Q_4	2.0	各种类型的现代冲积、湖沼盐泽沉积
		上更新统	新疆群		Q_3KJ		砾石层、砂层、黄土层
		中更新统	乌苏群		Q_2WS		具双层结构，上部为土黄色砂质黄土，下部为灰色砾石层
		下更新统	西域组		Q_1x		山麓河流相灰色砾岩夹砂岩及砂质泥岩透镜体
	新近系	上新统	昌吉河群	独山子组	N_2d	5.1	山麓河流相棕色、褐黄色砂质泥岩、砂岩夹砾岩
		中新统		塔西河组	N_1t	24.6	河湖相灰绿色泥岩夹砂岩、介壳灰岩、泥灰岩
				沙湾组	N_1s		棕红色泥岩夹灰红色、灰绿色砂岩、砾岩、石灰岩
	古近系	渐新统	安集海河组		$E_{2-3}a$	38	灰绿色湖相泥岩夹泥灰岩、介壳灰岩及薄砂岩
		始新统					
		古新统	紫泥泉子组		$E_{1-2}z$	65	河湖相暗红色、棕红色泥岩、砂质泥岩夹不规则厚层块状砾岩、含砾砂岩、砂岩透镜体
中生界	白垩系	上统	东沟组		K_2d	97.5	山麓河流相褐红色砂岩、砾岩夹砂质泥岩
		下统	吐谷鲁群	连木沁组	K_1l	144	浅水湖相灰绿色、棕红色泥岩、砂质泥岩、砂岩、粉砂岩组成的不均匀互层，外貌呈条带状，有明显的灰绿色底砾岩
				胜金口组	K_1s		
				呼图壁河组	K_1h		
				清水河组	K_1q		
	侏罗系	上统	喀拉扎组		J_3k	163	山麓河流相灰褐色砾岩夹褐色泥岩及砾状砂岩
			齐古组		J_3q		紫红色、褐红色砂质泥岩夹紫灰色砂岩及凝灰岩
		中统	头屯河组		J_2t	188	杂色条带状泥岩、砂岩夹凝灰岩、碳质泥岩、煤线
			水西沟群	西山窑组	J_2x		湖沼相灰色、灰绿色砂岩、砾岩与灰绿色、灰黑色泥岩、碳质泥岩夹煤层、菱铁矿层
		下统		三工河组	J_1s	213	湖相灰黄色、灰绿色泥岩、砂岩夹碳质泥岩及叠锥灰岩
				八道湾组	J_1b		湖沼相灰白色、灰绿色砾岩、砂岩，灰绿色、灰黑色泥岩夹煤层
	三叠系	上统	小泉沟群	郝家沟组	T_3h	231	河湖相黄绿色、灰绿色砂岩、砾岩与灰色、灰绿色杂色泥岩、砂质泥岩，夹菱铁矿层，下细上粗
				黄山街组	T_3hs		
		中统	克拉玛依组		T_2k	243	河湖相灰绿色砂岩、砾岩与灰绿色、灰黄色及棕色杂色泥岩的互层
		下统	上仓房沟群	烧房沟组	T_1s	248	河流相紫红色砾岩夹泥岩
				韭菜园子组	T_1j		
古生界	二叠系	上统	下仓房沟群	梧桐沟组	P_2w	253	灰绿色砂岩、泥岩互层夹石灰岩、泥灰岩，上部出现红色泥岩条带，有时夹砾岩层
				泉子街组	P_2q		紫红色砾岩、棕色泥岩、砂质泥岩夹灰绿色泥岩、砂岩
		下统	阿尔巴萨依组上段		P_1a_b		灰紫色、灰绿色安山玢岩、霏细斑岩夹紫红色流纹斑岩
			阿尔巴萨依组下段		P_1a_a		紫红色安山质凝灰角砾岩、安山凝灰质角砾岩、含铁质细砾岩，夹杏仁状安山玢岩、辉石安山玢岩
	石炭系	中统	前峡组上段		C_2qx_c		灰黑色凝灰岩为主，其次为晶屑层凝灰岩，凝灰质砂岩。在凝灰质粉砂岩中含植物化石碎片
			前峡组中段		C_2qx_b		黑灰色、灰绿色薄层碳质凝灰质粉砂岩、凝灰质中—粗粒砂岩为主，其次为凝灰岩、凝灰质砾岩
			前峡组下段		C_2qx_a		灰绿色、灰红色安山质细火山角砾岩、凝灰角砾岩、凝灰质砾岩，夹石灰岩透镜体

3. 三叠系

三叠系包括下统上仓房沟群（T₁CHb）、中统克拉玛依组（T₂k）、上统小泉沟群（T₃XQ）［黄山街组（T₃hs）、郝家沟组（T₃h）］，在博格达山前地区沉积厚度最大。上仓房沟群属于早三叠世沉积产物，在该区分布于中部的玛纳斯河—紫泥泉子、南安集海东大南沟、小南沟剖面、西部托斯台等地，出露比较零星。主要岩性为一套河流相紫红色砾岩夹泥岩，厚30～269m，与下伏地层呈整合、断裂式接触关系。中统克拉玛依组分布于中部玛纳斯—紫泥泉子及西部托斯台两处的山麓带，出露范围较狭小，呈小块状，主要岩性是河湖相灰绿色砂岩、砾岩与灰绿色、灰黄色及棕色杂色泥岩的互层，含植物及瓣鳃类化石，厚218～405m。上统小泉沟群分布于该区东部头屯河东岸、中部玛纳斯河—紫泥泉子及西部托斯台三地，各剖面出露都不完整，主要为一套湖泊相及河湖相黄绿色、灰绿色砂岩、砾岩与灰色、灰绿色杂色泥岩、砂质泥岩，夹菱铁矿层，下细上粗，含植物、瓣鳃类、鲎虫、叶肢介等化石，厚度370～890m。

4. 侏罗系

侏罗系自下而上主要由八道湾组（J₁b）、三工河组（J₁s）、西山窑组（J₂x）、头屯河组（J₂t）、齐古组（J₃q）和喀拉扎组（J₃k）组成，与上覆地层和下伏地层呈角度不整合或平行不整合接触，在山前露头区则主要分布于乌鲁木齐西头屯河沿岸并向西延伸，经昌吉河、呼图壁河、玛纳斯河、紫泥泉子山麓带，也见于南安集海、托斯台两处山麓带，以头屯河—玛纳斯河发育最好。八道湾组主要为一套灰白色、灰绿色砾岩、砂岩，灰绿色、灰黑色泥岩夹煤层的沉积，含植物及瓣鳃类化石，厚度100～625m。

三工河组主要岩性为灰黄色、灰绿色泥岩、砂岩夹碳质泥岩及叠锥灰岩，其中含植物及瓣鳃类化石，厚度148～882m；本组岩相岩性比较稳定，特征明显，是侏罗系的标志层。西山窑组主要岩性为灰色、灰绿色砂岩、砾岩与灰绿色、灰黑色泥岩、碳质泥岩夹煤层、菱铁矿层，富含植物及瓣鳃类化石，厚度137～980m。头屯河组属于煤系与红色层的过渡层，主要是一套黄绿色、灰绿色、紫色、杂色泥岩、砂质泥岩、灰绿色砂岩夹凝灰岩、碳质泥岩、煤线的河湖沉积，其中富含瓣鳃类、介形类、叶肢介化石，也见植物、鱼类等化石，厚200～654m。齐古组主要岩性是一套河湖相紫红色、褐红色砂质泥岩夹紫灰色、灰绿色砂质泥岩、砂岩及凝灰岩，与下伏地层除在托斯台有局部不整合存在外均为整合接触，含脊椎动物、介形类化石，厚144～683m。喀拉扎组主要岩性为山麓河流相灰褐色砾岩夹褐色泥岩及砾状砂岩，有的地方为纯褐色砾岩，有的地方则为绿带黄色的砂岩，缺乏化石；与下伏地层在昌吉河—紫泥泉子有冲刷面存在，厚50～800m，地貌上本组与白垩系底砾岩构成陡峻的山峰。

5. 白垩系

白垩系由下统吐谷鲁群（K₁TG）［清水河组（K₁q）、呼图壁河组（K₁h）、胜金口组（K₁s）、连木沁组（K₁l）］和上统东沟组（K₂d）组成。整个白垩系分布于头屯河东岸向西一直延伸到托斯台地区的山麓带第一排构造上或单斜带上，以昌吉河至玛纳斯河、紫泥泉子最为发育，下统吐谷鲁群在安集海以东可分四组，托斯台则分组困难；上统东沟组在南安集海以西缺失，以东在地貌上与古近系底砾岩构成陡峻的山脊。吐谷鲁群角度不整合或平行不整合于侏罗系之上，主要是一套浅水湖相灰绿色、棕红色泥岩、砂质泥岩、砂岩、粉砂岩组成的不均匀互层，外貌呈条带状，有明显的灰绿色底砾岩，其中含有介形类、瓣鳃类、鱼类、叶肢介等化石，厚度170～1594m。东沟组主体为一套山麓河流相的红色层，岩性为褐红色砂岩、砾岩夹砂质泥岩，以昌吉河发育最好，含部分介形类化石，厚46～813m。

6. 古近系

准噶尔盆地南缘西部山前露头区的古近系基本继承了白垩系稳定坳陷沉积的特点，自下向上为紫泥泉子组（$E_{1-2}z$）和安集海河组（$E_{2-3}a$）。主要分布在东起昌吉河西至托斯台，并在托托山麓带第一排构造上，在第二排构造上见于吐谷鲁、玛纳斯及霍尔果斯背斜带上。紫泥泉子组底界以一层厚约 10m 的粉红色、红灰色石灰质砾岩在南安集海以东整合或平行不整合在东沟组之上，以西则超覆在白垩系及古生界变质岩上，其岩性主要属河湖相碎屑岩，岩性为暗红色、棕红色泥岩、砂质泥岩夹不规则厚层块状砾岩、含砾砂岩、砂岩透镜体，局部夹石膏和膏泥岩为其组合特征，含介形类化石，厚 15～850m，在呼图壁河和紫泥泉子之间最厚。安集海河组与紫泥泉子组连续沉积，是一套湖泊沉积，岩性总体为灰绿色湖相泥岩夹泥灰岩、介壳灰岩及薄砂岩，含丰富的介形类、瓣鳃类、腹足类化石，厚 44～800m。

7. 新近系

新近系自下而上包括沙湾组（N_1s）、塔西河组（N_1t）和独山子组（N_2d），三者合称昌吉河群。研究区的新近系与下伏古近系呈整合或假整合接触，在山前地区沉积厚度巨大，可达 2000～2300m。沙湾组分布于昌吉河至托斯台一线的山麓带、单斜带及新生代构造上，以玛纳斯河至安集海一带发育最佳。主要岩性为河湖相的棕红色砂质泥岩夹灰红色、灰绿色砂岩、砾岩、团块状灰岩，含介形类及脊椎类化石，厚度一般在 150～500m 之间。塔西河组与沙湾组分布范围基本一致，主要为一套河湖相灰绿色泥岩、砂质泥岩夹砂岩、介壳灰岩、泥灰岩，部分下部为杂色泥岩，含有丰富的介形类、瓣鳃类化石，也见腹足类及脊椎动物化石，厚度 100～320m。独山子组主要分布于头屯河至托托之间的山麓地带中生代构造外围及玛纳斯至乌苏南的新生代构造上，地貌上形成低山及丘陵区，主要岩性为山麓河流相的苍棕色、褐黄色砂质泥岩、砂岩夹砾岩。富含介形类、瓣鳃类、脊椎动物及植物化石，厚度一般在 207～1996m 之间。

8. 第四系

第四系主要包括西域组（Q_1x）、乌苏群（Q_2WS）、新疆群（Q_3XJ）和全新统。西域组与下伏昌吉河群渐变连续过渡沉积，主要为山麓河流相的灰色砾岩夹砂岩及砂质泥岩透镜体，下部出现砂质泥岩层的沉积，含脊椎动物化石，分布于昌吉河至精河东托托之间的山麓地带古近系—新近系构造的围斜部分，以玛纳斯至乌苏间最为发育，保存比较完整，厚度 350～2046m。乌苏群为高于现代戈壁平原之上的山麓洪积平原或河谷阶地堆积，分布于各河谷两岸，一般由四组阶地组成，常具双层结构，上部为土黄色砂质黄土，下部为灰色砾石层，以清晰的角度不整合在西域组砾岩及其以下所有老地层之上，河谷阶地每组厚 10～50m。新疆群分布于现代河流及间隙水山口外，流出褶皱山系构成扇形冲积洪积平原和向北缓倾的戈壁平原，由砾石、砂、亚砂土组成，颗粒由南向北变细，厚度 125～355m，在构造变动带局部不整合在乌苏群砾岩之上。全新统主要表现为各种类型的现代冲积、湖沼盐泽沉积。

二、观察路线地质现象简况

1. 头屯河路线

头屯河路线交通便利，露头出露良好，可见不整合、断裂、褶皱等构造现象，北部构造呈北东东—南西西走向，南部构造呈北西西—南东东走向，判断其受不同方向的挤压应力作用影响。

2. 昌吉河路线

昌吉河路线受路况影响踏勘范围较小，但露头出露良好，构造现象集中，褶皱及断裂构造发育，局部发育调节断裂。

3. 呼图壁河路线

呼图壁河路线通行条件良好，出露侏罗系、白垩系及古近系，沿路线可见不整合、断裂、褶皱等构造现象，该路线为观察齐古背斜露头的最好观察点。

4. 吐谷鲁河路线

吐谷鲁河路线交通便利，露头出露良好，褶皱构造发育，可观察到两排褶皱构造及霍玛吐断裂，局部发育有小型调节断裂。

5. 塔西河路线

塔西河路线交通便利，露头出露良好，发育两排褶皱构造，其中吐谷鲁背斜为倒转背斜，其核部发育霍玛吐断裂。

6. 玛纳斯河路线

玛纳斯河路线交通便利，露头出露良好，观察到两排褶皱构造，其中玛纳斯背斜为倒转背斜，其核部发育霍玛吐断裂。

7. 清水河路线

清水河路线受通行条件及露头出露情况限制，观察到的现象有限。典型构造为南玛纳斯背斜及玛纳斯背斜，主要断裂为霍玛吐断裂。

8. 霍尔果斯河路线

霍尔果斯河路线交通便利，露头出露良好，发育三排褶皱构造，于霍尔果斯背斜下部观察到倒转现象，其南翼发育霍玛吐断裂。

9. 奎屯河路线

奎屯河路线实际由头屯河和阿尔钦沟两条路线拼合而成，该路线交通便利，露头出露良好，发育独山子及托斯台构造群两排褶皱构造，局部发育走滑断裂及层间褶皱。

10. 四棵树河路线

四棵树河路线实际由四棵树河和察哈乌松两条路线拼合而成，该路线交通便利，露头良好，整体位于托斯台构造带西侧，构造现象丰富，不整合、断裂、褶皱均有发育。

第四节　路线设计及交通位置

针对准噶尔盆地南缘中西段出露情况、构造现象丰富程度与交通便利条件等，设计以下10条野外路线：① 头屯河路线、② 昌吉河路线、③ 呼图壁河路线、④ 吐谷鲁河路线、⑤ 塔西河路线、⑥ 玛纳斯河路线、⑦ 清水河路线、⑧ 霍尔果斯河路线、⑨ 奎屯河路线、⑩ 四棵树河路线等开展露头区地质构造研究（图1-5）。

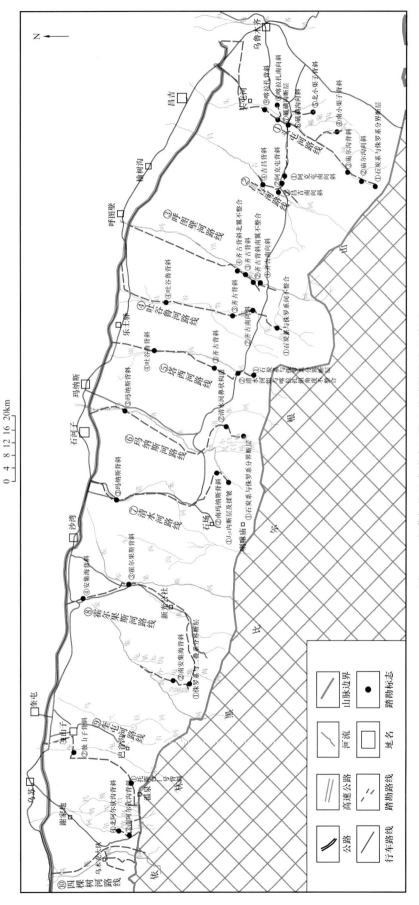

图 1-5 准噶尔盆地南缘中西段山前踏勘路线设计图

|第二章| 南缘中段典型构造解析

第一节　头屯河路线

　　头屯河路线交通便利，位于昌吉市南侧，自 G30 连霍高速公路昌吉收费站下高速，向南沿 X120 公路行驶 15km 后进入 S203 公路，沿路向南行驶 5km 即可到达头屯河路线入口，继续行驶 7km 可见头屯河水库，水库北侧为喀拉扎褶皱观察点；向南 5km 过硫磺沟镇，沿 S101 公路向西行驶可至硫磺沟向斜观察点，向东则可至小渠子背斜观察点；向南直行进入 X125 公路行驶路 32km 可至庙尔沟乡，其北侧为庙尔沟向斜观察点，南侧为石炭系与侏罗系分界观察点，继续向南行驶 9km 即可观察到雪线附近侏罗系，路线全长 73km（图 2-1）。

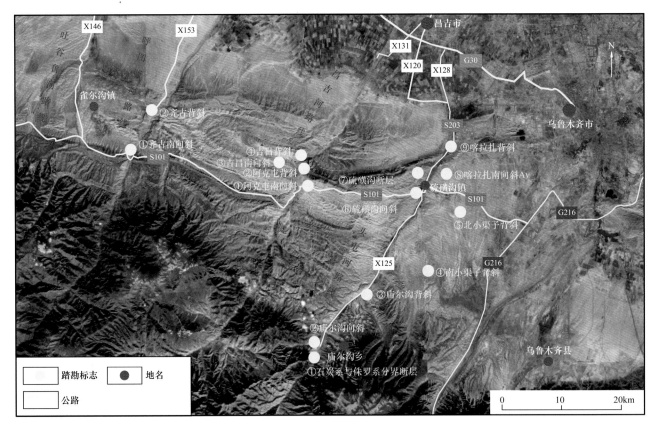

图 2-1　头屯河路线及周缘位置与观察点分布图

　　头屯河路线地质构造出露良好，可见不整合、断裂、褶皱等构造现象，其中褶皱构造最为发育，主要出露地层为侏罗系，白垩系、古近系和新近系也有出露，局部发育有小型调节断裂（图 2-2）。路线内的主要构造观察点为：① 石炭系与侏罗系分界断裂、② 庙尔沟向斜、③ 庙尔沟背斜、④ 南小渠子背斜、⑤ 北小渠子背斜、⑥ 硫磺沟向斜、⑦ 硫磺沟断裂、⑧ 喀拉扎南向斜、⑨ 喀拉扎背斜。

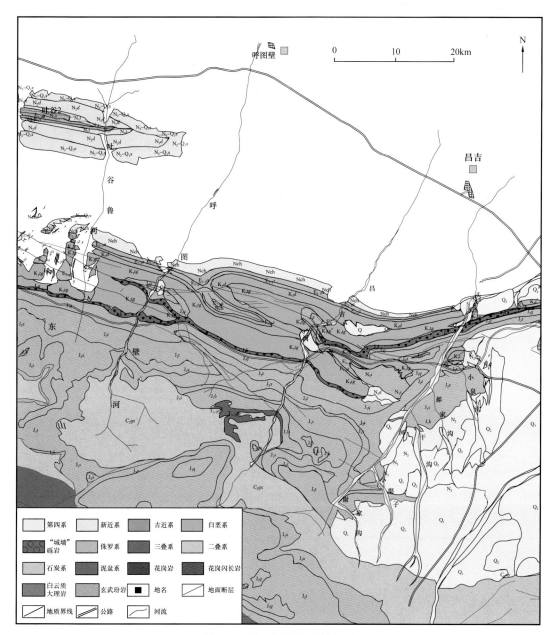

图 2-2　头屯河及周缘地质图

一、石炭系与侏罗系分界断裂

图 2-3 为石炭系与侏罗系之间的分界断裂远景图，观察目标位于踏勘路线 X125 道南东侧。由于岩石风化及第四系、植被等覆盖严重，且受河流阻挡，无法近距离观察，在此地质点未观察到明显的断裂带，但可根据断裂两盘地层岩性、地貌判断断裂发育位置。该断裂向南倾斜，断裂上盘发育石炭系前峡组，下盘发育侏罗系三工河组。石炭系逆冲在侏罗系之上，中间缺失中上石炭统、二叠系、三叠系及侏罗系八道湾组。

图 2-4 为沿 X125 道，在踏勘路线北西侧观察到的分界断裂，该断裂即为石炭系基底与侏罗系盖层间的分界断裂，与图 2-4 为同一条断裂。该断裂带可近距离观察，上盘石炭系中可观察到大量伴生断裂及诱导裂缝（图 2-4b），局部可观察到"X"形共轭断裂（图 2-4c），部分分支断裂具备中间诱导裂缝带，两侧滑动破碎带的三层结构。整体反映出该断裂历经多期构造运动，各期运动的应力方向具有一定差异。

相机GPS点：43°29'22.82"N 86°58'30.01"E.拍摄对象GPS点：43°29'18.57"N 86°58'35.43"E.镜头方位：140°

图2-3　侏罗系与石炭系分界断裂（南东侧）

二、庙尔沟向斜

庙尔沟向斜位于石炭系与侏罗系分界断裂北部，其核部发育齐古组（图2-5）。向斜南翼地层产状为352°∠70°，北翼产状为214°∠34°，为北翼缓、南翼陡的不对称向斜。因第四纪和植被覆盖严重，在近距离可观察与实测地层产状，向斜规模较大，第四系产状平缓，呈近水平状覆盖在侏罗系之上，表现为明显的褶皱不整合接触。

庙尔沟向斜北侧可观察到一条逆断裂，此次踏勘将其命名为庙尔沟1号断裂（图2-6），其上盘为侏罗系头屯河组，下盘为侏罗系齐古组，头屯河组逆冲于齐古组之上。断裂两盘地层均向南倾斜，断面产状为206°∠22°，由于上盘头屯河组之上的地层遭受剥蚀，未能确定断距大小。

图 2-4　石炭系与侏罗系分界断裂（北西侧）
（a）石炭系与侏罗系分界断裂；（b）、（c）石炭系内部相互交错断裂；（d）分支断裂滑动破碎带

图 2-5　庙尔沟向斜构造特征

图 2-6　庙尔沟 1 号断裂

三、庙尔沟背斜

庙尔沟背斜位于庙尔沟向斜北侧（图 2-7），其核部出露侏罗系八道湾组，其北翼发育一条逆断裂，此次踏勘命名为庙尔沟 2 号断裂（图 2-8）。该断裂与庙尔沟背斜组成一个断背斜，八道湾组上部遭受风化剥蚀，难以判断其断距。

图 2-7　庙尔沟背斜远景

图 2-8　庙尔沟 2 号断裂

庙尔沟 2 号断裂上盘地层产状为 217°∠24°，下盘产状为 60°∠58°（图 2-8）。八道湾组主要岩性是灰黑色砂砾岩夹泥岩及煤层，三工河组为灰绿色砂岩夹粉砂岩及碳质页岩。断裂带遭受风化剥蚀较严重，未观察到明显的断裂面，但可以根据两盘地层产状及岩性的差异判断断裂发育位置。

图 2-9 为一条在庙尔沟背斜北翼观察到的小型正断裂，此次踏勘将其命名为小渠子断裂。该断裂上盘发育紫红色齐古组，其产状为 82°∠17°，下盘发育灰黄色头屯河组，其产状为 110°∠10°，断裂面产状为 42°∠66°。齐古组主要为紫红色、暗红色泥岩夹灰绿色砂岩，头屯河组为杂色条带状的砂岩、泥岩夹砾岩。根据两盘地层产状及岩性差异可判断出断裂发育位置，并观察到较明显的断裂面。

图 2-9　小渠子断裂

四、南小渠子背斜

南小渠子背斜位于小渠子断裂北部新近系，主要出露独山子组，由于地层风化及第四系覆盖较严重，仅从整体形态上判断其为一个宽缓背斜（图 2-10）。

五、北小渠子背斜

北小渠子背斜位于南小渠子背斜北侧侏罗系，主要出露三工河组。该背斜风化较为严重，在局部出露的地层位置测得其南东翼产状为 158°∠20°，北西翼地层产状为 280°∠16°，是一个宽缓的背斜（图 2-11）。

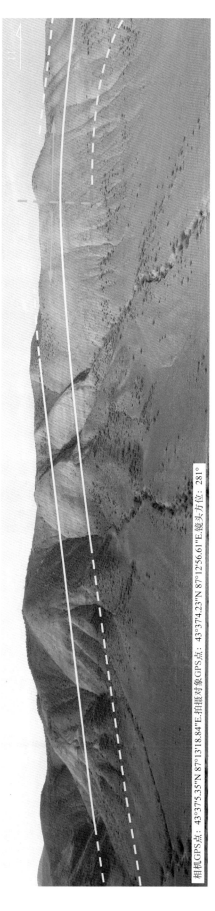

图 2-10　南小渠子背斜

相机GPS点：43°37′5.35″N 87°13′18.84″E;拍摄对象GPS点：43°37′4.23″N 87°12′56.61″E;镜头方位：281°

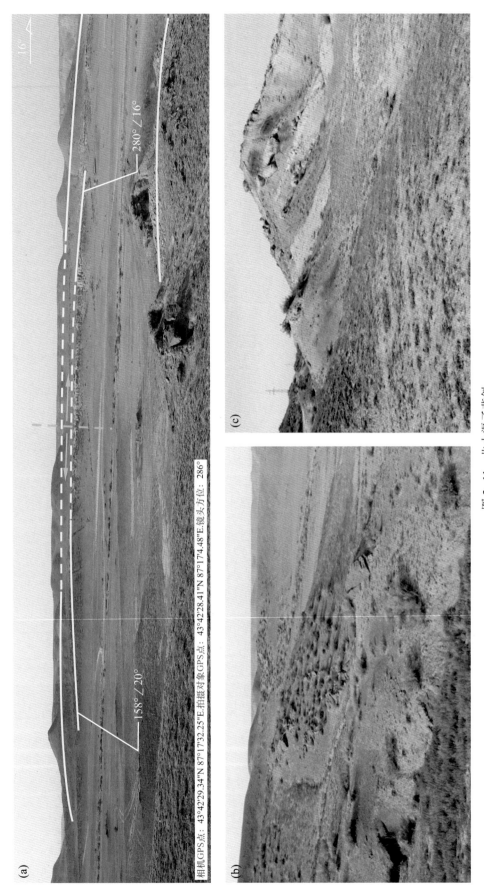

相机GPS点：43°42'29.34"N 87°17'32.25"E.拍摄对象GPS点：43°42'28.41"N 87°17'4.48"E.镜头方位：286°

图2-11 北小渠子背斜

（a）北小渠子背斜全景；（b）背斜北翼；（c）背斜南翼

六、硫磺沟向斜

硫磺沟向斜位于北小渠子背斜北侧侏罗系内部，核部主要出露齐古组，两翼出露头屯河组（图2-12）。向斜南翼产状为320°∠40°，北翼产状为210°∠35°，南翼较北翼略陡，为开阔褶皱。其轴线走向为北东东—南西西向。

相机GPS点：43°43'58.56"N 87°12'4.06"E.拍摄对象GPS点：43°44'0.73"N 87°12'4.98"E.镜头方位：22°

图 2-12　硫磺沟向斜

图2-13为硫磺沟向斜转折端，齐古组在此处主要为暗红色泥岩夹薄层灰绿色砂岩，其顶部遭受剥蚀，与其上覆盖的第四系呈角度不整合接触。由于齐古组岩性以泥岩为主，抗风化能力较弱，遭受了强烈的风化剥蚀，整体地势较低。

七、硫磺沟断裂

硫磺沟断裂位于硫磺沟向斜北东侧，该断裂向东倾斜，其走向为北西—南东向。图2-14为S101公路南侧观察到的断裂，其两盘均为齐古组，东侧为上盘，西侧为下盘，东侧地层在靠近断裂位置明显受到断裂活动的影响，发育牵引构造，其地层弯曲方向指示本盘运动方向。

相机GPS点：43°43'24.81"N 87°11'8.86"E.拍摄对象GPS点：43°43'21.95"N 87°9'41.68"E.镜头方位：278°

图 2-13　硫磺沟向斜转折端

相机GPS点：43°43'53.31"N 87°12'8.03"E.拍摄对象GPS点：43°43'46.67"N 87°12'9.19"E.镜头方位：176°

图 2-14　硫磺沟断裂（路南）

　　图 2-15 为在 S101 公路北侧观察到的硫磺沟断裂，此处断裂上盘局部出露头屯河组，进一步证明了该断裂性质是逆断裂。断裂上盘头屯河组产状为 130°∠50°，下盘齐古组产状为 15°∠71°。根据两盘地层产状及岩性差异可判断断裂位置。由于断裂两盘产状差异较大，不能排除其在褶皱基础上形成断裂的可能性，难以判断标志层，不能明确其断距。

相机GPS点：43°43'39.82"N 87°12'14.67"E.拍摄对象GPS点：43°43'39.82"N 87°12'14.67"E.镜头方位：86°

图 2-15　硫磺沟断裂（路北）

　　图 2-16 为图 2-15 北侧观察到的硫磺沟断裂，该断裂下盘齐古组弯曲程度较大，说明该断裂很可能发育在背斜的核部。先形成的背斜核部出露齐古组，后来在新一轮挤压应力作用下形成逆断裂，导致头屯河组逆冲在齐古组之上。近距离观察该断裂可发现断裂带内部的构造透镜体，并且该断裂在上盘发育一条分支断裂（图 2-17）。

相机GPS点：43°43'39.82"N 87°12'14.67"E.拍摄对象GPS点：43°43'39.82"N 87°12'14.67"E.镜头方位：15°

图2-16 图2-15北侧观察到的硫磺沟断裂

图2-18为硫磺沟断裂附近观察到的一条小型逆断裂，该断裂两盘均出露齐古组，其上盘地层略微弯曲，为典型的牵引构造，其弯曲方向指示本盘运动方向。该断裂断面较明确，其产状为170°∠60°，根据上下盘的标志层判断其断距为4m。

图2-19是在硫磺沟断裂附近观察到的一组逆冲断裂，断裂发育在齐古组内部，地层产状为170°∠48°。其中规模较大的两条断裂倾向相反，产状分别为202°∠80°和50°∠22°。两条逆冲断裂相背倾斜，其公共上盘向上抬升，构成一组背冲断裂，根据两盘标志地层判断其断距分别为1m及1.5m。其中南侧的逆冲断裂上盘发育一条小型分支断裂，其断距为20cm。

相机GPS点：43°43'39.82"N 87°12'14.67"E.拍摄对象GPS点：43°43'39.82"N 87°12'14.67"E.镜头方位：15°

图 2-17　硫磺沟断裂近景

相机GPS点：43°43'56.20"N 87°12'2.48"E.拍摄对象GPS点：43°43'55.98"N 87°12'1.67"E.镜头方位：236°

图 2-18 齐古组内部小型逆断裂

相机GPS点：43°43'56.54"N 87°11'54.65"E.拍摄对象GPS点：43°43'56.54"N 87°11'54.65"E.镜头方位：135°

图 2-19　齐古组内部背冲断裂

八、喀拉扎南向斜

　　在硫磺沟断裂东北侧观察到喀拉扎南向斜（图 2-20）。该向斜主要出露于白垩系及侏罗系内部，其核部出露白垩系呼图壁河组，两翼依次出露清水河组及侏罗系，其轴线走向为北东东—南西西向。向斜转折端地层产状为 30°∠40°（图 2-21），南翼产状为 349°∠41°，北翼产状为 180°∠30°。

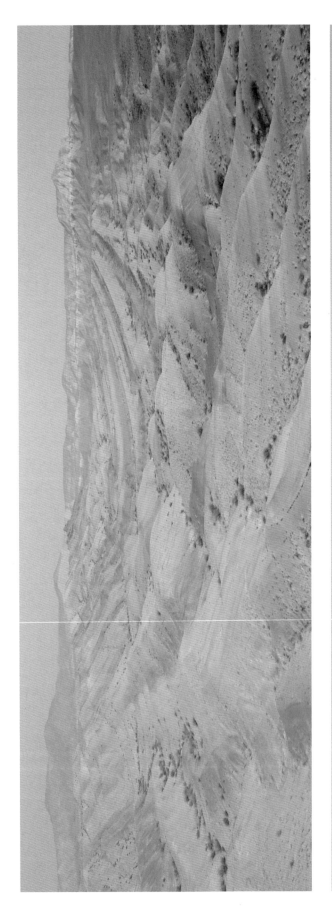

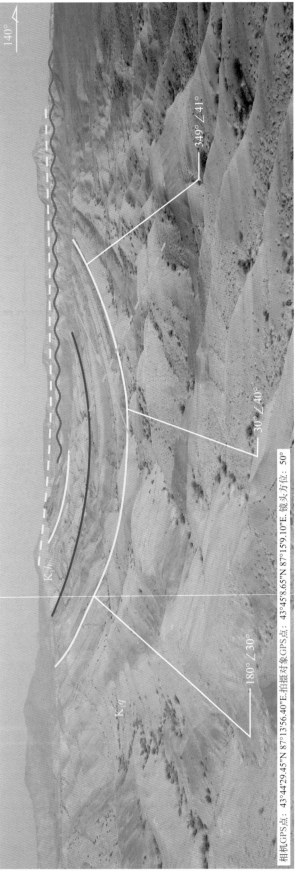

图 2-20 喀拉扎南向斜

相机GPS点：43°44′29.45″N 87°13′56.40″E.拍摄对象GPS点：43°45′8.65″N 87°15′9.10″E.镜头方位：50°

相机GPS点：43°44'33.85"N 87°14'18.77"E.拍摄对象GPS点：43°45'4.90"N 87°14'32.36"E.镜头方位：23°

图 2-21　喀拉扎南向斜转折端

九、喀拉扎背斜

在喀拉扎南向斜以北，踏勘路线东侧观察到喀拉扎背斜（图 2-22、图 2-23），其核部出露侏罗系头屯河组，两翼出露齐古组。该背斜轴线走向为北东东—南西西向，其南翼地层同样是喀拉扎南向斜的北翼。图 2-24 及图 2-25 是在踏勘路线以西观察到的喀拉扎背斜，其核部同样出露头屯河组，其中图 2-24 为向西观察到的背斜形态，图 2-25 为向东观察到的背斜形态。图 2-26 是沿背斜轴线向南西方向行进一段距离后向北东方向观察到的背斜形态。该处背斜核部出露三工河组，向两翼依次出露西山窑组及头屯河组。两翼三工河组产状分别为 160°∠50° 及 321°∠46°，西山窑组产状分别为 162°∠38° 及 329°∠36°，背斜两翼倾角大致相等，整体表现为一个对称的中常背斜。

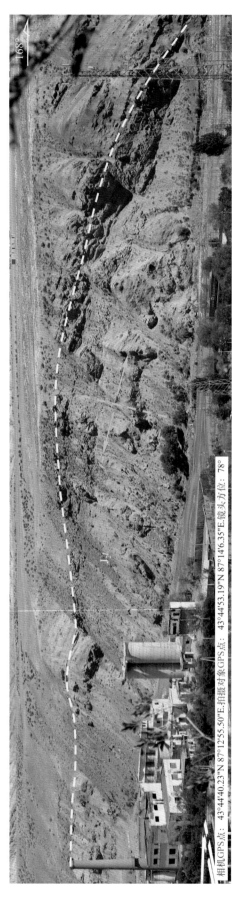

相机GPS点：43°44'40.56"N 87°12'55.99"E,拍摄对象GPS点：43°44'24.82"N 87°13'46.68"E,镜头方位：114°

相机GPS点：43°44'40.23"N 87°12'55.50"E,拍摄对象GPS点：43°44'53.19"N 87°14'6.35"E,镜头方位：78°

图2-22 喀拉扎背斜远景（路东）

图2-23 喀拉扎背斜（路东）

相机GPS点：43°45'48.58"N 87°14'5.09"E. 拍摄对象GPS点：43°46'15.45"N 87°14'41.02"E. 镜头方位：65°

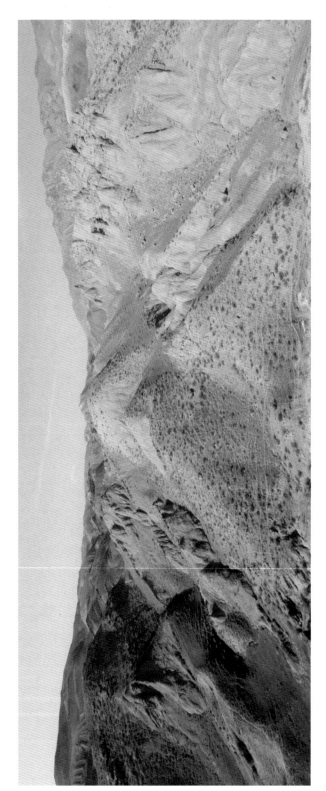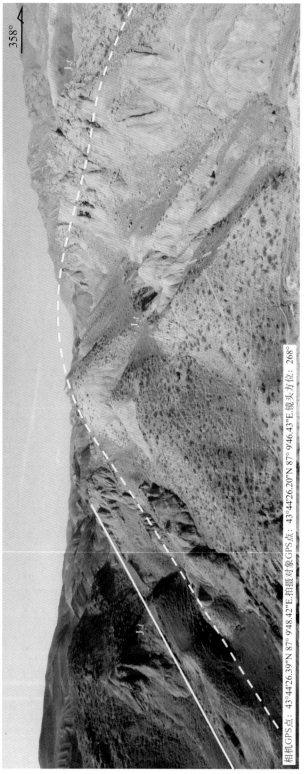

相机GPS点：43°44'26.39"N 87° 948.42"E.拍摄对象GPS点：43°44'26.20"N 87° 946.43"E.镜头方位：268°

图2-24 喀拉扎背斜（西侧）

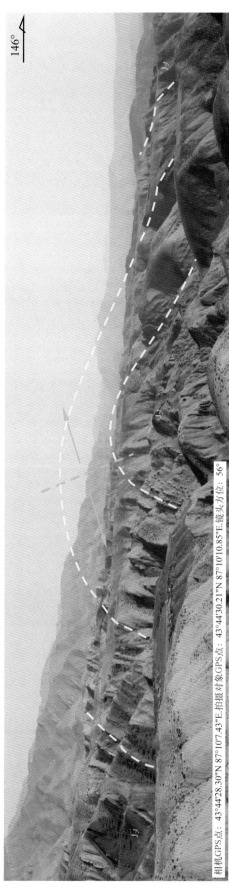

相机GPS点：43°44'28.30"N 87°1007.43"E.拍摄对象GPS点：43°44'30.21"N 87°10'10.85"E.镜头方位：56°

图2-25　喀拉扎背斜（东侧）

相机GPS点：43°45'19.29"N 87°12'16.35"E.拍摄对象GPS点：43°45'19.99"N 87°12'18.12"E.镜头方位：42°

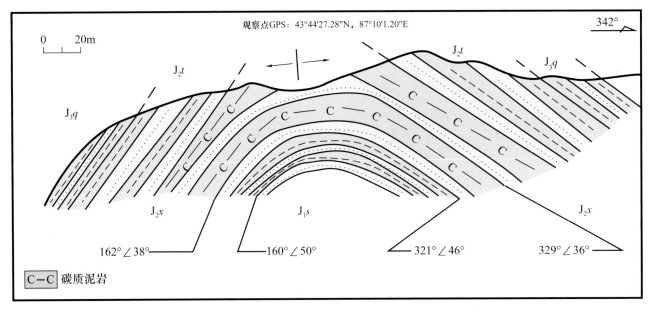

图 2-26　喀拉扎背斜（北东侧）

　　图 2-27 是在喀拉扎背斜南翼西山窑组内部观察到的层间褶皱，褶皱地层主要岩性是碳质泥岩夹薄层砂岩，其地层整体能干性较差，韧性较高，在挤压应力作用下更易发生褶皱变形而不是脆性变形。该褶皱背形两翼产状分别为 100°∠45° 及 320°∠64°，向形西翼产状为 110°∠44°。该褶皱规模较小，是一个位于西山窑组内部的层间揉皱，由于受到挤压应力作用影响，两翼的能干层相互错动导致中间的软弱层发生揉皱。

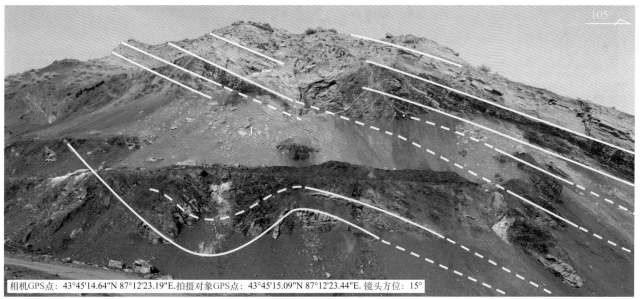

相机GPS点：43°45'14.64"N 87°12'23.19"E.拍摄对象GPS点：43°45'15.09"N 87°12'23.44"E. 镜头方位：15°

图 2-27　喀拉扎背斜南翼西山窑组内部褶皱

　　图 2-28 是在喀拉扎背斜北翼观察到的侏罗系喀拉扎组与白垩系清水河组之间角度不整合接触关系，其中喀拉扎组只在背斜北翼有出露，是一套灰褐色砂砾岩，清水河组底部则发育暗红色底砾岩。

　　图 2-29 是侏罗系与白垩系间不整合的近景，可观察到灰白色风化淋滤带及不平整的风化剥蚀面。图 2-30 则是在附近观察到的另一处不整合出露点，可清楚观察到清水河组的底砾岩及其与喀拉扎组间约 10°的倾角变化。

十、小结

　　头屯河路线的典型露头为石炭系与侏罗系之间分界断裂、庙尔沟向斜及背斜、南小渠子背斜、北小渠子背斜、硫磺沟向斜、硫磺沟断裂、喀拉扎南向斜、喀拉扎背斜（图 2-31）。其中较典型的构造向斜为庙尔沟背斜与庙尔沟 1 号断裂组成的断背斜，在多个位置均有较好露头的硫磺沟断裂及喀拉扎背斜。

相机GPS点：43°47'31.12"N 87°16'5.09"E.拍摄对象GPS点：43°47'31.01"N 87°16'2.47"E.镜头方位：263°

图2-28 侏罗系与白垩系不整合

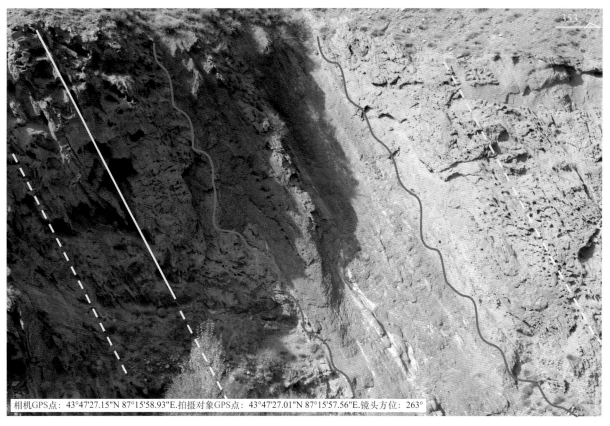

相机GPS点：43°47'27.15"N 87°15'58.93"E.拍摄对象GPS点：43°47'27.01"N 87°15'57.56"E.镜头方位：263°

图 2-29　侏罗系与白垩系不整合近景

相机GPS点：43°47'29.65"N 87°16'3.93"E.拍摄对象GPS点：43°47'29.65"N 87°16'3.93"E.镜头方位：9°

图 2-30　侏罗系与白垩系微角度不整合

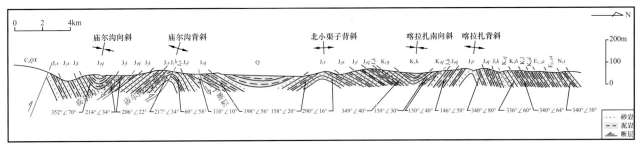

图 2-31　头屯河路线构造剖面图

通过野外地质调查及地震剖面的解译，认为头屯河路线处于依林黑比尔根山与博格达山之间的应力转换部位，受不同方向的应力作用影响，其地层倾向及褶皱轴线走向变化较大（图 2-32）。头屯河在南缘中西段三排构造中主要出露第一排构造，发育多条断裂及多组褶皱构造，反映其经历了多期强烈的构造作用。

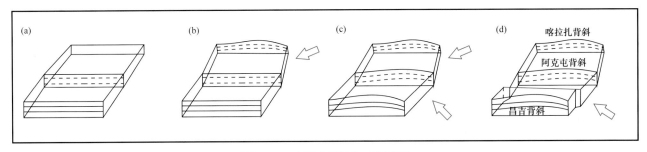

图 2-32　南缘中段构造成因模式

以野外素描图和高精度照片的解译为基础，对邻近头屯河路线的地震剖面 NS9906—NY201101k—N201001—P200801 进行了精细解译（图 2-33）。其中喀拉扎南向斜（图 2-33a）及喀拉扎背斜（图 2-33b）在野外露头及地震剖面中均可观察到，在地震剖面的解译过程中可结合野外露头以使得解译结果更为准确。

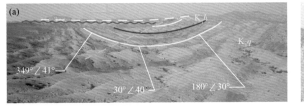

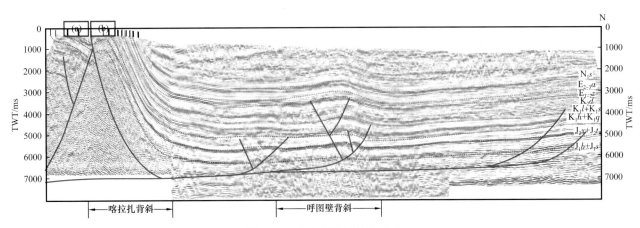

图 2-33　头屯河路线构造模式

第二节　昌吉河路线

昌吉河路线交通便利，位于昌吉市南侧，自 G30 连霍高速昌吉收费站下高速，向南沿 X120 公路行驶 15km 后进入 S203 公路，沿路向南行驶 17km 过硫磺沟镇，沿 S101 公路向西行驶 28km 后向北转向可至阿克屯南向斜观察点，沿沟向北行进可至昌吉背斜观察点（图 2-1）。

此路线主要出露侏罗系、白垩系及古近系，局部出露新近系，其中侏罗系主要出露于背斜核部，古近系出露于向斜核部（图 2-2）。路线内断裂与褶皱均有发育，主要观察地质构造露头点自南向北依次为：① 阿克屯南向斜、② 阿克屯背斜、③ 昌吉南向斜、④ 昌吉背斜。

一、阿克屯南向斜

在图 2-34 中路线南部观察点①处向南东方向观察可看到阿克屯南向斜，其核部出露新近系沙湾组，两翼出露古近系安集海河组及紫泥泉子组（图 2-34）。其中紫泥泉子组其岩性为暗红色、棕红色泥岩、砂质泥岩夹不规则厚层块状砾岩、含砾砂岩、砂岩透镜体，安集海河组主要岩性是灰绿色的泥岩夹泥灰岩及薄砂岩，沙湾组主要为棕红色砂质泥岩夹灰红色、灰绿色砂岩、砾岩。该向斜轴线走向为北西—南东向，向斜南西翼地层产状为 $30°\angle22°$，北东翼地层产状为 $190°\angle50°$，由于南缘中西段整体收由南向北的挤压应力作用，其北东翼为前翼，南西翼为后翼，为前翼陡、后翼缓的不对称向斜。

相机GPS点：43°44'9.60"N 87°0'11.64"E.拍摄对象GPS点：43°44'6.33"N 87°0'16.15"E.镜头方位：153°

图 2-34　阿克屯南向斜（南东侧）

图 2-35 是在观察点向北西方向拍摄的阿克屯南向斜。其核部同样出露新近系沙湾组，两翼出露古近系安集海河组及紫泥泉子组。但沙湾组只在转折端有少许出露，与南东侧出露的沙湾组相比明显受到大量剥蚀，表明此处向斜向南东方向倾伏。向斜轴面向北东方向倾斜，南西翼地层产状为 $10°\angle18°$，北东翼地层产状为 $200°\angle54°$，为前翼陡、后翼缓的不对称向斜。

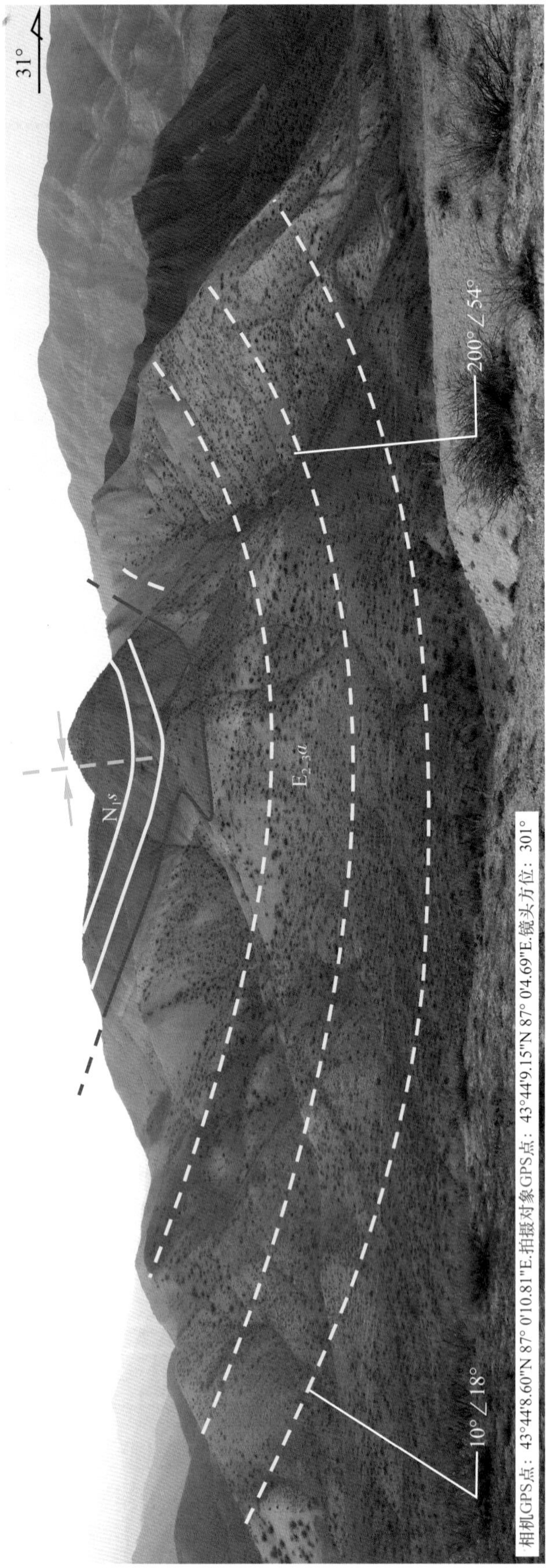

图2-35 阿克屯南向斜（北西侧）

相机GPS点：43°44′8.60″N 87° 0′10.81″E.拍摄对象GPS点：43°44′9.15″N 87° 04.69″E.镜头方位：301°

二、阿克屯背斜

阿克屯背斜位于阿克屯南向斜北侧，两者共同组成一个完整的褶皱。该背斜核部出露头屯河组，向两翼依次出露齐古组、喀拉扎组及白垩系（图2-36）。其核部发育一条逆断裂，该断裂向北倾斜，走向为北西—南东向，其上盘地层为头屯河组，下盘为齐古组。头屯河组产状为63°∠52°，齐古组产状为230°∠80°。阿克屯背斜早期是一个完整的背斜，由于由南向北的挤压应力的减弱，形成自北向南的反冲断裂，原本位于地下的头屯河组冲出地表，逆冲在齐古组之上，并导致断裂下盘齐古组产状变陡。

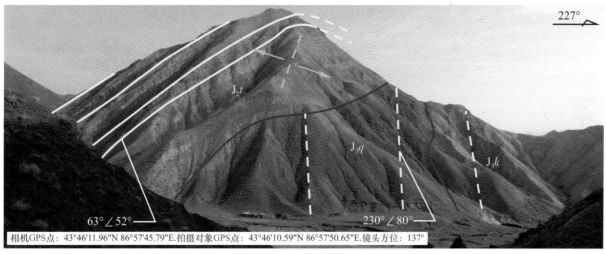

相机GPS点：43°46'11.96"N 86°57'45.79"E.拍摄对象GPS点：43°46'10.59"N 86°57'50.65"E.镜头方位：137°

图2-36 阿克屯背斜

在阿克屯背斜北西侧观察到一条断裂，该断裂向东倾斜，走向为北北东—南南西向，此次踏勘将其命名为三屯河水库1号断裂。在断裂带内观察到擦痕，根据断裂两侧地层产状的差异及擦痕可判断断裂发育位置（图2-37）。阿克屯背斜位于阿克屯背斜与昌吉河背斜之间，很可能是一条调节性断裂。

三、昌吉南向斜

昌吉南向斜位于阿克屯背斜西侧，其核部主要出露白垩系东沟组，两翼出露连木沁组（图2-38）。其中东沟组为一套褐红色砂岩、砾岩夹砂质泥岩，连木沁组岩性为灰绿色砂质泥岩、砂岩、粉砂岩组成的不均匀互层，外貌呈条带状。东沟组与连木沁组之间呈整合接触关系，其分界主要根据两套地层岩性及颜色差异进行判断。该向斜南翼地层产状为10°∠24°，北翼产状为200°∠40°，为前翼陡、后翼缓的不对称褶皱。

相机GPS点：43°46'1.48"N 86°57'48.08"E.拍摄对象GPS点：43°46'1.48"N 86°57'48.08"E.镜头方位：34°　拍摄对象GPS点：43°46'2.49"N 86°57'48.28"E

图2-37　三屯河水库1号断裂

相机GPS点：43°45'40.69"N86°57'23.21"E.拍摄对象GPS点：43°45'39.71"N 86°57'10.76"E.镜头方位：265°

图2-38　昌吉南向斜

四、昌吉背斜

昌吉背斜位于昌吉南向斜北侧，其核部出露头屯河组，向两翼依次出露齐古组、喀拉扎组及白垩系（图2-39）。其核部发育一条逆断裂，该断裂向北东方向倾斜，走向为北西西—南东东向，其上盘地层为头屯河组，下盘为齐古组。

相机GPS点：43°46′17.52″N 86°57′33.33″E.拍摄对象GPS点：43°46′18.47″N 86°57′38.11″E.镜头方位：14°

图2-39　昌吉背斜核部

断裂上盘头屯河组产状为230°∠50°，下盘齐古组产状为210°∠74°。昌吉背斜早期是一个完整的背斜，由于由南向北的挤压应力的减弱，形成自北向南的反冲断裂，头屯河组逆冲在齐古组之上，并导致断裂下盘齐古组产状变陡。昌吉背斜与昌吉南向斜共同组成一个完整的褶皱，由北斜向向斜转换的鞍部地层产状相对变缓。阿克屯背斜南翼白垩系清水河组与侏罗系喀拉扎组之间呈角度不整合接触关系。

图2-40是沿昌吉背斜轴线向南西方向行进后，观察到的背斜核部构造特征，此处背斜露出地表的上部测得的两翼产状分别为220°∠50°及50°∠54°，表现为一个开阔的对称背斜。但在其露出地表的转折端下部表现为一个尖棱状背斜，判断其背斜形态受到了下伏断裂的影响。

相机GPS点：43°44'8.65"N 87° 0'10.90"E.拍摄对象GPS点：43°44'16.50"N 87° 0'19.84"E.镜头方位：33°

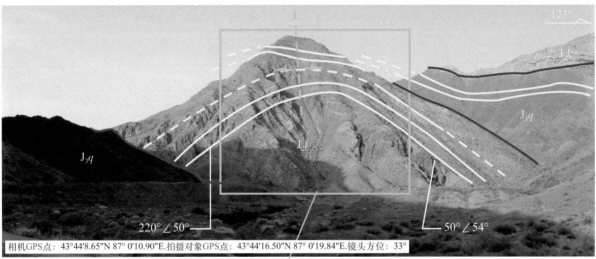

相机GPS点：43°44'8.65"N 87° 0'10.90"E.拍摄对象GPS点：43°44'16.50"N 87° 0'19.84"E.镜头方位：33°

相机GPS点：43°46'5.99"N 86°58'4.48"E.拍摄对象GPS点：43°46'6.21"N 86°58'4.75"E.镜头方位：18°

图2-40　昌吉背斜远景（南东侧）

在昌吉背斜南翼观察到侏罗系喀拉扎组与白垩系清水河组之间的角度不整合接触关系（图2-41）。其中清水河组的产状为224°∠60°，喀拉扎组产状为230°∠82°，为明显的角度不整合。其中清水河组是一套灰绿色砂砾岩，喀拉扎组是一套红褐色砾岩，根据两套地层产状、岩性及颜色差异可判断不整合分界的位置。图2-42是沿地层走向观察到的不整合形态，图中可明显看出喀拉扎组顶部不平整的剥蚀面。

相机GPS点：43°46'2.47"N 86°57'48.37"E.拍摄对象GPS点：43°46'2.47"N 86°57'48.37"E.镜头方位：290°

图2-41　侏罗系与白垩系之间角度不整合

五、小结

昌吉河路线的典型露头自南向北、自东向西依次为阿克屯南向斜、阿克屯背斜、昌吉南向斜、昌吉背斜，两组褶皱之间发育调节性断裂，其中背斜核部均有反冲断裂发育（图2-43）。受断裂影响，背斜核部靠近断裂的地层明显变陡。主要出露的地层为侏罗系和白垩系，只在阿克屯向斜核部及两翼出露少量古近系及新近系。

图 2-42　侏罗系与白垩系之间角度不整合（沿走向观察）

　　以野外观察到的典型露头的解译为基础，对邻近昌吉河路线的地震剖面 CJ201401k+N9914 进行解译（图 2-44），在昌吉河路线中只观察到第一排和第三排构造带，第二排构造带在此路线不发育。地震剖面中可观察到在侏罗系内部发育多组逆断裂，这些断裂呈"Y"字形及复合"Y"字形组合。

　　图中 a 点为阿克屯背斜。在阿克屯背斜南翼发育一条北倾的逆断裂，该断裂底部与滑脱层相接，是一条反冲断裂，该断裂的形成是逆冲断裂前缘受到较强阻抗或自南向北的挤压应力较弱造成的。在背斜核部同样发育一条北倾逆断裂，在地震剖面及野外露头中均可观察到，其上盘发育的小型南倾逆断裂只在地震剖面中观察到，未出露于地表。

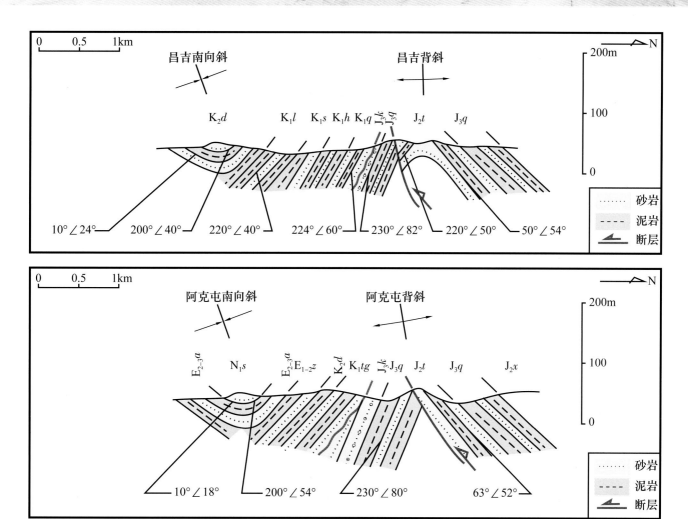

图 2-43　昌吉河路线构造剖面图

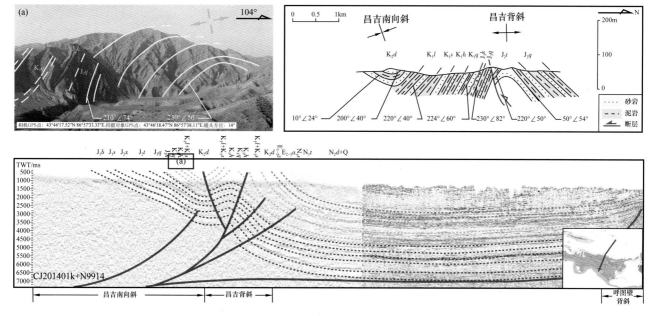

图 2-44　昌吉河路线构造模式

第三节　呼图壁河路线

呼图壁河路线位于呼图壁县南侧，自 G30 连霍高速呼图壁收费站下高速，沿 X153 公路向南、向山里行驶，一直可到达 S101 公路，并可选择沿此公路向东或向西进入其他观察路线。沿 X153 公路可观察到多个地质露头点，其中从高速口下来行驶 35km 即可到达齐古背斜观察点，继续向南行驶 8km 即可到达齐古南向斜观察点（图 2-1），路线全长 43km。

此踏勘路线地层主要出露侏罗系、白垩系及古近系，其中侏罗系出露较为完整（图 2-2）。该路线可观察到不整合、断裂、褶皱等诸多地质构造现象：① 齐古南向斜、② 齐古背斜南翼不整合、③ 齐古背斜、④ 齐古背斜北翼不整合等为该路线的典型露头。

一、齐古南向斜

在图 2-1 中观察点①处观察到齐古南向斜（图 2-45），该向斜核部出露白垩系呼图壁河组，向两翼依次出露白垩系清水河组及侏罗系喀拉扎组。其中向斜南翼地层产状为 20°∠26°，北翼地层产状为 248°∠10°，地层倾角由翼部向核部逐渐变缓，表现为一个南翼陡北翼缓的开阔不对称向斜。

相机GPS点：43°48'52.12"N, 86°36'27.51"E.拍摄对象GPS点：43°48'51.10"N, 86°36'36.64"E.镜头方位：90°

图 2-45　齐古南向斜及南翼清水河组与喀拉扎组间不整合

在齐古南向斜的南翼可观察到清水河组与呼图壁河组之间呈整合接触关系，其中呼图壁河组为棕红色泥岩、砂质泥岩、砂岩、粉砂岩组成的不均匀互层，清水河组为灰绿色砂质泥岩、砂岩、粉砂岩组成的不均匀互层，可见灰绿色底砾岩。两套地层颜色差异较大，岩性也不相同，分界明显。清水河组与其下部的喀拉扎组呈角度不整合接触，清水河组产状为20°∠26°，喀拉扎组产状为10°∠36°。侏罗系喀拉扎组是一套红褐色砾岩，根据两套地层产状、岩性及颜色差异可判断不整合分界的位置。

在齐古南向斜南翼侏罗系中可观察到三工河组、西山窑组及头屯河组之间的分界线（图2-46、图2-47），三套地层之间均为整合接触关系，地层整体向北倾斜，三工河组为灰黄色、灰绿色泥岩、砂岩夹碳质泥岩，西山窑组主要岩性是灰绿色、灰白色砂岩、粉砂岩与灰绿色、黑色泥岩互层夹煤层，煤层之上发育由于煤层自燃烘烤形成的烧变岩层，头屯河组发育杂色条带状（灰色、黄色、灰绿色）的砂岩、泥岩夹砾岩，其中三工河组的产状为30°∠20°，西山窑组的产状为30°∠2°，头屯河组的产状为30°∠25°。

相机GPS点：43°44'44.68"N,86°34'15.40"E.拍摄对象GPS点：43°44'43.84"N,86°34'18.49"E.镜头方位：115°

图2-46　三工河组与西山窑组整合接触关系

相机GPS点：43°46'11.73"N, 86°34'36.00"E.拍摄对象GPS点：43°45'51.69"N, 86°35'3.52"E.镜头方位：140°

图 2-47　头屯河组与西山窑组整合接触关系

头屯河组、齐古组及喀拉扎组三套地层之间呈整合接触关系，地层向北倾斜，倾角为30°左右，地层
分界明显（图2-48、图2-49）。

图2-48 喀拉扎组、齐古组与头屯河组间整合接触关系

相机GPS点：43°47′3.50″N，86°34′52.94″E. 拍摄对象GPS点：43°47′35.66″N，86°36′38.92″E. 镜头方位：70°

220°

相机GPS点：43°48'8.05"N，86°35'26.39"E;拍摄对象GPS点：43°47'53.37"N，86°35'49.89"E;镜头方位：135°

图2-49 喀拉扎组与齐古组间地层整合接触关系

二、齐古背斜南翼不整合

在齐古背斜南翼可观察到齐古组与喀拉扎组之间呈整合接触，喀拉扎组与清水河组之间呈角度不整合接触（图2-50）。其中喀拉扎组以砂砾岩为主，只在路东侧出露，在路西侧未观察到该套地层，而是齐古组与白垩系清水河组之间呈角度不整合接触（图2-51），推断喀拉扎组在此处遭受削蚀。

相机GPS点：43°49′28.03″N，86°36′54.43″E.拍摄对象GPS点：43°49′28.74″N，86°37′12.78″E.镜头方位：80°

图2-50　齐古南背斜南翼清水河组、喀拉扎组与齐古组接触关系（路东）

三、齐古背斜

在图2-1中观察点②处可观察到齐古背斜，该背斜核部出露侏罗系头屯河组，南翼依次出露齐古组、喀拉扎组、清水河组，北翼缺失喀拉扎组，齐古组与白垩系吐谷鲁群呈不整合接触，背斜整体与其上覆盖的第四系同样呈角度不整合接触（图2-52）。

齐古背斜北翼产状为36°∠35°，南翼产状为190°∠30°，整体表现为北翼陡南翼缓的不对称背斜，其核部头屯河组顶部遭受剥蚀，与上覆的第四系呈角度不整合接触（图2-53）。头屯河组内部可观察到一处逆断层，断裂整体向南倾斜，断裂带内部岩石破碎严重，未见明显层面，断层两盘地层颜色存在差异，可作为断层存在标志。

相机GPS点：43°50'1.67"N, 86°36'58.06"E.拍摄对象GPS点：43°50'5.58"N ,86°36'42.65"E.镜头方位：290°

图2-51　齐古背斜南翼清水河组与齐古组接触关系（路西）

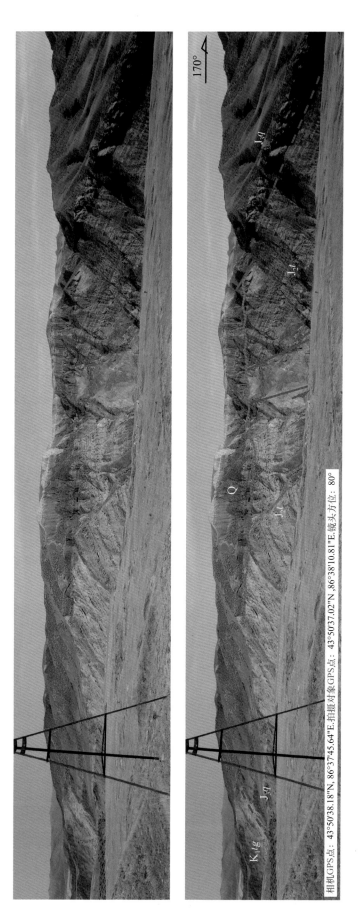

相机GPS点：43°50'38.18"N，86°37'45.64"E.拍摄对象GPS点：43°50'37.02"N，86°38'10.81"E.镜头方位：80°

图 2-52　齐古背斜远景

相机GPS点：43°50'34.51"N, 86°37'56.86"E.拍摄对象GPS点：43°50'31.82"N ,86°38'11.07"E.镜头方位：130°

图 2-53 齐古背斜核部构造特征

齐古背斜南翼齐古组内部发育小型调节正断裂，根据地层岩性及颜色可划分标志层，测得断距为25m（图 2-54）。此处地层产状为184°∠20°，断裂产状分别为180°∠50°及180°∠58°。

齐古背斜北翼白垩系清水河组内砂岩较为发育，可观察到透镜状砂体（图 2-55），其宽约1.5m，长约4.5m。

四、齐古背斜北翼不整合

齐古背斜北翼可观察到白垩系清水河组与侏罗系齐古组之间的不整合（图 2-56），清水河组的产状为20°∠42°，齐古组的产状为20°∠50°，两套地层呈角度不整合接触，不整合之上发育清水河组底砾岩。在齐古北斜的北翼紫泥泉子组和安集海河组中观察到多条小型逆断裂（图 2-57），其断距在70cm到2.5m不等，顶部被第四系覆盖。其中安集海河组内部的逆断裂上盘可观察到地层弯曲，其弯曲方向指示断裂上盘运动方向。

相机GPS点：43°50'49.60"N, 86°36'56.79"E.拍摄对象GPS点：43°50'49.62"N ,86°36'58.45"E.镜头方位：120°

图 2-54　齐古背斜核部小型调节正断裂

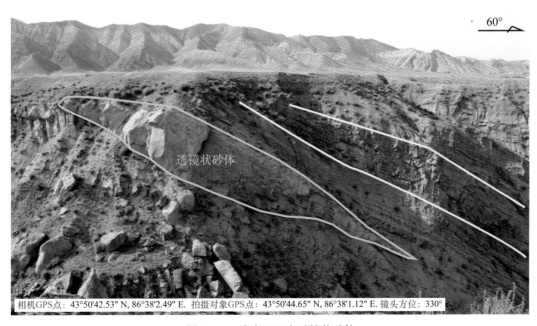

相机GPS点：43°50'42.53" N, 86°38'2.49" E. 拍摄对象GPS点：43°50'44.65" N, 86°38'1.12" E. 镜头方位：330°

图 2-55　清水河组内透镜状砂体

相机GPS点：43°51'11.51"N,86°37'37.78"E.拍摄对象GPS点：43°51'11.51"N,86°37'37.78"E.镜头方位：280°

图2-56 齐古背斜北翼清水河组与齐古组间不整合接触关系

齐古背斜北翼出露古近系紫泥泉子组和安集海河组，两套地层分界处发育一条小型正断裂，在安集海河组内部可观察到地层滑塌形成的坡积物（图2-58）。

图 2-57　齐古背斜北翼古近系及内部小型断裂

图 2-58　齐古背斜北翼重力滑动构造

五、小结

呼图壁河路线的典型露头自南向北依次为齐古南向斜及齐古背斜，其中齐古背斜具有明显的北翼陡、南翼缓的不对称褶皱的特征，推断为受南北向的挤压应力作用形成的逆冲断裂影响而发育的断裂传播褶皱（图2-59）。

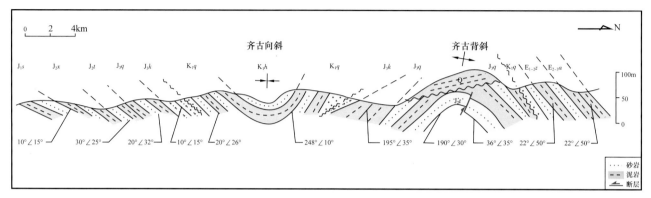

图2-59 呼图壁河路线构造剖面图

以野外观察到的典型露头的解译为基础，对邻近呼图壁河路线的地震剖面line1205进行解译（图2-60），图中a为齐古南向斜核部，b为齐古背斜核部，在野外露头及地震剖面中均可观察到，在地震剖面的解译过程中可结合野外露头以使得解译结果更为准确。

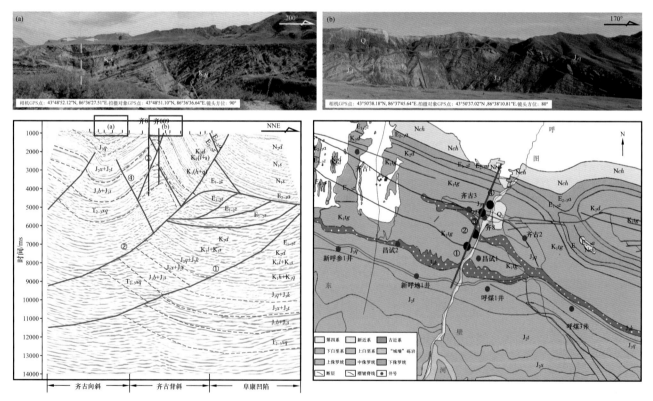

图2-60 呼图壁河路线构造模式
①霍玛吐断裂；②齐古北断裂；③齐古断裂；④齐古南断裂

通过野外地质调查及地震剖面的解译，认为该剖面受自南向北的挤压应力作用影响，形成了由三组南倾逆冲断裂及褶皱组成的山前断褶带，局部可见北倾的反冲断裂。

第四节　吐谷鲁河路线

　　吐谷鲁河路线交通便利，自G30连霍高速五工台收费站下高速，沿G312公路向西行驶9km，再向南进入X146公路，沿公路向南行驶11km即可到达吐谷鲁背斜观察点，主要观察对象位于红山水库北侧；继续沿X146公路向南行驶16km可至齐古背斜观察点，向南过雀尔沟镇行驶8km可至齐古南向斜观察点，主要观察对象位于S101公路北侧；穿过S101公路继续向南行驶14km可至石炭系与侏罗系不整合观察点（图2-61），路线全长58km。

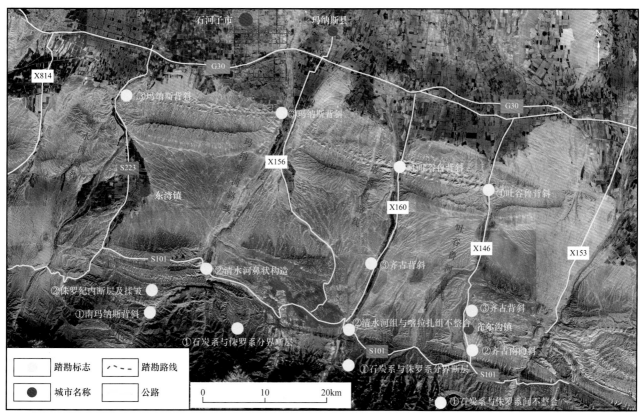

图2-61　吐谷鲁河路线及周缘位置及观察点分布图

　　吐谷鲁河路线不整合、褶皱构造发育，地质构造出露良好。沿此路线可观察到两排褶皱带及霍玛吐断裂，局部发育小型调节断裂。吐谷鲁河路线自南向北依次可观测到：① 石炭系与侏罗系间不整合、② 齐古南向斜、③ 齐古背斜、④ 吐谷鲁背斜，出露的地层主要为侏罗系、白垩系、古近系及新近系（图2-62）。

一、石炭系与侏罗系之间不整合

　　在路线最南端观察点①处可观察到石炭系与侏罗系之间角度不整合接触关系（图2-63），不整合之下是石炭系前峡组（C_2qx），其岩性主要为凝灰岩，其产状为220°∠68°。不整合之上出露侏罗系八道湾组，该地层近乎与地表平行，其产状为40°∠6°，岩性为砂砾岩。在两套地层分界处可观察到风化黏土层，进一步证明两者之间为不整合接触关系。

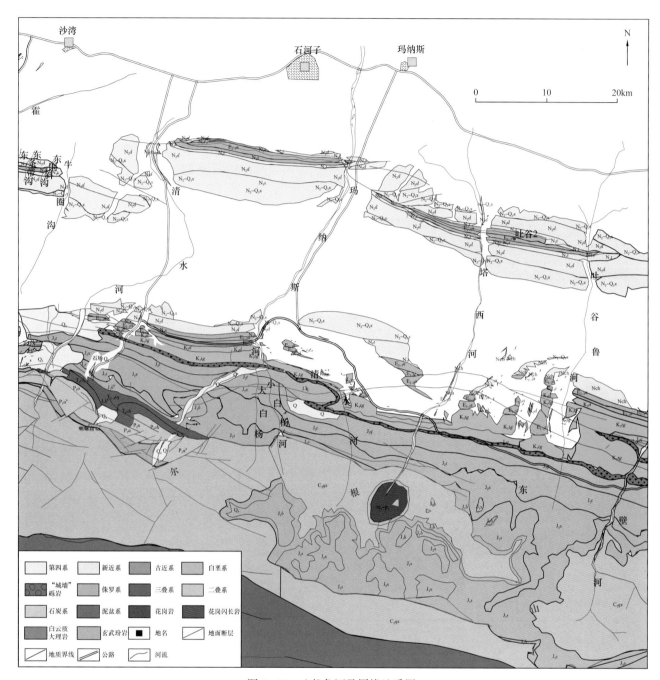

图2-62　吐谷鲁河及周缘地质图

二、齐古南向斜

　　齐古南向斜位于图2-62中观察点②处，其核部出露古近系紫泥泉子组，向两翼依次出露东沟组、连木沁组、胜金口组、呼图壁河组及清水河组（图2-64）。该向斜南翼地层产状为14°∠36°，北翼地层产状为210°∠12°，为南翼陡、北翼缓的不对称向斜，其翼间角大于120°，为开阔向斜，地层倾角由两翼向核部逐渐变小。

　　图2-65为齐古南向斜近景，此处可观察到更明显的南陡北缓的地层特征，说明该向斜主要在自南向北的挤压应力作用下形成。紫泥泉子组主要为红褐色泥岩夹砂岩，东沟组为一套灰红色砂泥岩互层，两者之间为整合接触关系，主要靠颜色差异划分其分界。

图 2-63 石炭系与侏罗系间不整合

图 2-64 齐古南向斜

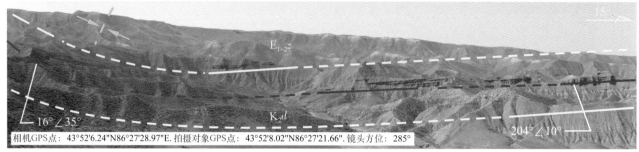

图 2-65 齐古南向斜转折端

三、齐古背斜西端

在图 2-62 中观察点③处观察到齐古背斜，其核部出露呼图壁河组，向两翼依次出露胜金口组、连木沁组（图 2-66）。三套地层之间为整合接触关系，其中胜金口组为灰绿色砂岩夹泥岩，与呼图壁河组及连木沁组的红色条带状特征具有明显差异，是层位划分的依据。

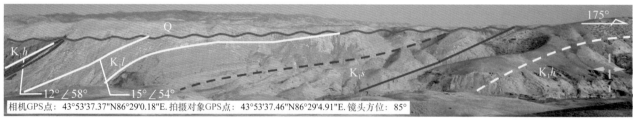

图 2-66 齐古背斜

图 2-67 中主要展示了向东侧观察到的齐古背斜北翼地层特征，齐古背斜北翼依次出露白垩系呼图壁河组、胜金口组、连木沁组、东沟组及古近系紫泥泉子组、安集海河组，白垩系各地层间为整合接触关系，白垩系与古近系之间为平行不整合接触关系。由背斜核部向两翼地层倾角逐渐变缓，由 68°减小到 48°。

在齐古南向斜北侧观察到一条逆断裂，此次踏勘依据附近地名将其命名为雀尔沟断裂（图 2-68）。该断裂上盘为白垩系呼图壁河组，其产状为 12°∠58°，下盘为白垩系连木沁组，其产状为 15°∠54°。断裂产状为 35°∠62°，其走向为北西—南东向。

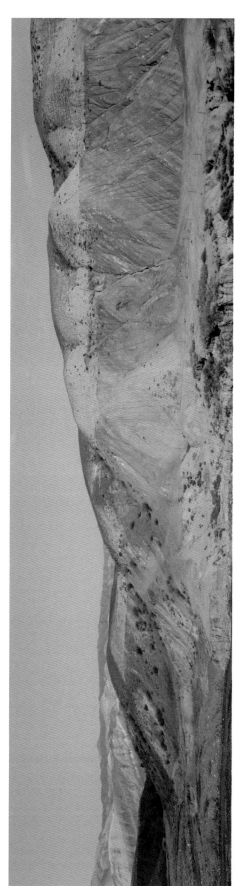
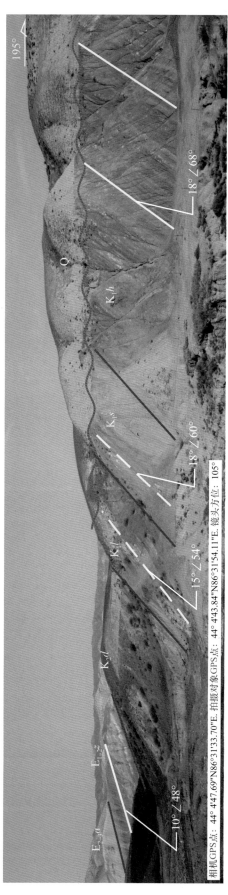

相机GPS点：44°447.69"N86°31'33.70"E，拍摄对象GPS点：44°443.84"N86°31'54.11"E，镜头方位：105°

图 2-67　齐古背斜北翼

相机GPS点：43°53'48.02"N86°29'5.85"E. 拍摄对象GPS点：43°53'48.02"N 86°29'5.85"E. 镜头方位：125°

图 2-68　雀尔沟断裂

图 2-69 中观察到该断裂的断裂带，断裂带宽 1.5m，在其内部观察到断裂角砾岩及断裂泥，断裂下盘地层向下弯曲，具有牵引构造的特征，其弯曲方向反映本盘的运动方向。

在齐古背斜北翼呼图壁河组内部观察到一组小型褶皱（图 2-70），向斜两翼产状分别为 345°∠28° 和 178°∠32°，背斜两翼产状分别为 196°∠58° 及 24°∠60°，向斜开阔背斜相对紧闭，整体表现为一个对称褶皱。褶皱顶部遭受剥蚀，与其上覆的第四系之间呈角度不整合接触关系。

图 2-69　雀尔沟断裂断裂带

图 2-70　背斜北翼白垩系内小型褶皱

四、吐谷鲁背斜

吐谷鲁背斜核部出露新近系沙湾组，向两翼依次出露塔西河组及独山子组。背斜核部发育霍玛吐断裂及其分支断裂，断裂上盘为沙湾组，主要岩性为红褐色砂泥岩互层，产状为170°∠30°，下盘为塔西河组，主要岩性为灰绿色泥岩夹砂岩，产状为20°∠60°。霍玛吐断裂向南倾斜主断裂位于沙湾组与塔西河组之间，其分支断裂位于塔西河组与独山子组之间（图2-71），主要根据地层岩性及产状划分其界限。

相机GPS点：44°4'42.78"N86°32'6.06"E.拍摄对象GPS点：44°4'41.58"N86°32'7.26"E.镜头方位：260°

图2-71 吐谷鲁背斜转折端（路西）

吐谷鲁背斜北翼未观察到沙湾组，判断其受断裂影响逆冲于塔西河组之上，遭受到强烈的风化剥蚀并未残留至今，断裂附近的地层受断裂活动影响倾角增大。

吐谷鲁背斜轴线走向为北西西—南东东向，在断裂下盘可观察到断裂活动过程中形成的构造透镜体（图2-72），一般是挤压作用产出的两组共轭剪节理把岩石切割成菱形块体且菱块棱角又被磨去而形成的（汪劲草等，2003），其宽约2.5m，长约14.5m。

图2-73为向东侧观察到的吐谷鲁背斜及霍玛吐断裂远景，图中可看到霍玛吐断裂走向为北西西—南东东向，与吐谷鲁背斜轴向走向近乎平行。霍玛吐断裂规模较大，结合吐谷鲁背斜前翼陡后翼缓的构造特征，初步判断霍玛吐断裂与吐谷鲁背斜共同构成断裂传播褶皱。

图2-74与图2-75分别为霍玛吐的断裂的远景及近景照片，图中可观察到断裂下盘的地层部分弯曲，由于其弯曲方向显示其并非断裂牵引导致的地层弯曲，判断其主要受重力作用或下伏分支断裂的影响而发生弯曲。

吐谷鲁背斜北翼新近系塔西河组内发育小型调节逆断裂，根据地层颜色可划分其标志层，测得断距约为60cm，断裂带宽20cm（图2-76）。断裂上盘地层产状为352°∠50°，下盘地层产状为2°∠40°，断裂的活动一定程度上影响了两盘的地层产状。

相机GPS点：44°4'39.90"N86°32'29.11"E. 拍摄对象GPS点：44°4'39.90"N86°32'29.11"E. 镜头方位：265°

相机GPS点：44°4'42.18"N86°32'19.75"E. 拍摄对象GPS点：44°4'42.18"N86°32'19.75"E. 镜头方位：45°

图 2-72 吐谷鲁背斜转折端（走向）

188

N₂d+Q

N₁t

N₁s

相机GPS点：44°4'47.88"N86°31'8.53"E.拍摄对象GPS点：44°4'41.81"N86°31'32.43"E.镜头方位：98°

图 2-73 吐谷鲁背斜远景（路东）

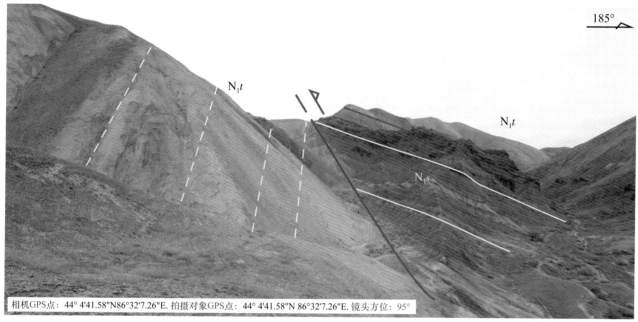

图 2-74　霍玛吐断裂（路东）

五、小结

吐谷鲁河路线的典型露头由南向北依次为石炭系与侏罗系之间不整合、齐古南向斜、齐古背斜、吐谷鲁背斜及霍玛吐断裂，其中吐谷鲁背斜位于南缘中西段地区第二排褶皱带，构造变形较为强烈，倾角北翼陡南翼缓，具有断裂传播褶皱的特征（图 2-77）。

霍玛吐断裂在剖面深部倾角较小，在中部转换为近乎水平延伸的滑脱断裂，在上部倾角变陡，其上部的背斜表现为断裂传播褶皱（图 2-78）。霍玛吐断裂的下盘的吐谷鲁背斜形态较完整，两翼倾角近乎相等。此处的吐谷鲁背斜主要受下伏逆断裂影响，受其上部的霍玛吐断裂影响较小，与出露地表的吐谷鲁背斜具有较大差异。

图 2-75　霍玛吐断裂

图 2-76　新近系塔西河组内部小型断裂

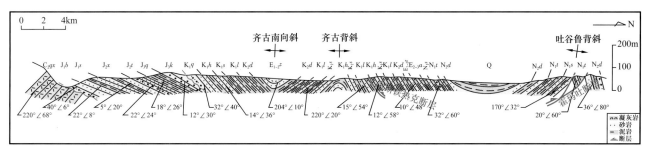

图 2-77 吐谷鲁河路线构造剖面图

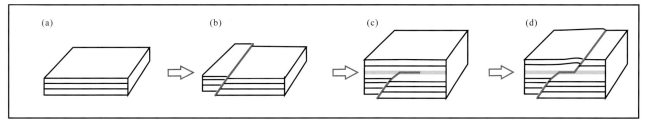

图 2-78 霍玛吐断裂成因模式

以野外观察到的典型露头的解译为基础，对邻近吐谷鲁河路线的地震剖面 NS200407+NS201004 进行解译（图 2-79），图中 a 为齐古背斜北翼地层，b 为吐谷鲁背斜核部及霍玛吐断裂，在野外露头及地震剖面中均可观察到，在地震剖面的解译过程中可结合野外露头以使得解译结果更为准确。

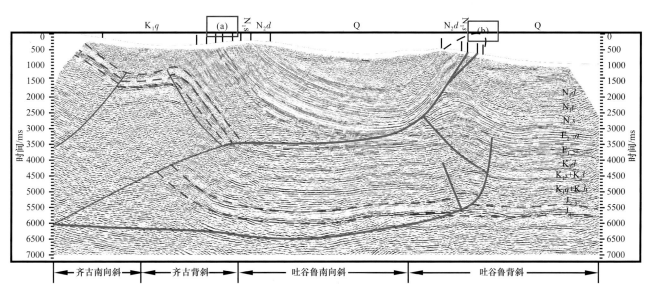

图 2-79 吐谷鲁河路线构造模式

第五节　塔西河路线

塔西河路线位于玛纳斯县南侧，自 G30 连霍高速五工台收费站下高速，沿 G312 公路向西行驶 30km，再向南进入 X160 公路，沿公路向南行驶 11km 即可到达吐谷鲁背斜观察点，继续沿路行驶 20km 可至齐古背斜观察点，观察对象主要位于道路西侧；继续向南行驶 8km 向东进入 S101 公路可观察到清水河组与喀拉扎组间不整合，沿 S101 行驶 3.5km 后沿土路向南行驶 4.5km 可至石炭系与侏罗系分界断裂处，路线全长 77km（图 2-61）。

塔西河路线地层主要出露石炭系、侏罗系、白垩系及古近系，地质构造出露良好，沿此路线可见不整合、断裂、褶皱等构造现象（图 2-62）。塔西河路线自南向北依次可观察到地质构造点：① 石炭系与侏罗系间分界断裂、② 清水河组与喀拉扎组间不整合、③ 齐古背斜、④ 吐谷鲁背斜，其中吐谷鲁背斜北翼出现了地层倒转的现象。

一、石炭系与侏罗系之间分界断裂

在图 2-61 中观察点①处观察到石炭系与侏罗系间分界断裂（图 2-80），由于植被覆盖严重，未观察到明显的断裂面，但根据局部出露的地层岩性差异可判断断裂位置，其走向为近东西向。断裂上盘出露石炭系前峡组，下盘出露侏罗系西山窑组。

相机GPS点：43°48'43.91"N86°14'53.32"E. 拍摄对象GPS点：43°48'43.91"N86°14'53.32"E. 镜头方位：56°

图 2-80　侏罗系与石炭系之间断裂

在图 2-81 中观察到一处重力滑动构造，发育在地表覆盖的第四系沉积中，是第四系松散沉积物在重力的影响下沿倾斜面发生滑动所形成的。图中的重力滑动构造规模较小，滑动距离约为 10m。

相机GPS点：43°49'38.51"N86°14'39.57"E. 拍摄对象GPS点：43°49'37.49"N86°14'41.84"E. 镜头方位：115°

图 2-81　重滑动构造

二、清水河组与喀拉扎组角度不整合

在图 2-61 中观察点②处观察到侏罗系与白垩系之间的角度不整合接触关系（图 2-82），不整合之上为白垩系清水河组，其产状为 32°∠38°，不整合之下为侏罗系喀拉扎组，其产状为 20°∠31°。其中清水河组是一套灰绿色砂砾岩，喀拉扎组在此处主要是一套灰褐色砾岩，根据两套地层产状、岩性及颜色差异可判断不整合分界的位置。

图 2-83 是侏罗系与白垩系间角度不整合的近景照片，可观察到不整合面之下的喀拉扎组以一定角度与上覆地层相交，清水河组的底砾岩较为发育，这些都证明了两套地层之间呈角度不整合接触关系。

相机GPS点：43°51'32.22"N86°15'23.78"E. 拍摄对象GPS点：43°51'32.41"N86°15'22.94"E. 镜头方位：268°

图 2-82　清水河组与喀拉扎组角度不整合

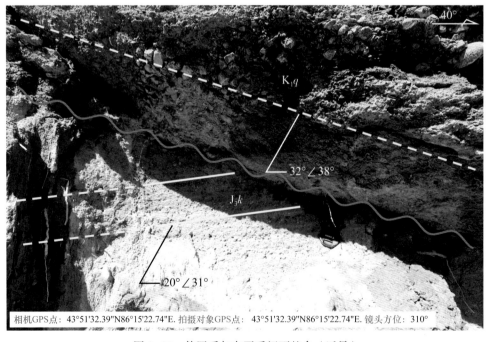

相机GPS点：43°51'32.39"N86°15'22.74"E. 拍摄对象GPS点：43°51'32.39"N86°15'22.74"E. 镜头方位：310°

图 2-83　侏罗系与白垩系间不整合（近景）

图 2-84 中可观察到典型的喀拉扎组特征，该地层为一套灰褐色砾岩夹灰白色砂岩，地层向北倾斜，倾角为 32°。喀拉扎组厚度薄于侏罗系，一般厚度为 100～200m，只在局部出露。该地层抗风化能力较强，出露于地表示往往表现为地势较高的陡崖，也被称为"城墙"砾岩。

相机GPS点：43°51′24.90″N86°15′23.56″E. 拍摄对象GPS点：43°51′24.90″N86°15′23.56″E. 镜头方位：315°

图 2-84　喀拉扎组砾岩

在图 2-85 中可观察到路线上的泥裂现象，照片中垂直于地层的灰白色 "V" 字形砂质填充物，是曾经沉积物在阳光暴晒下发生干裂产，产生的裂隙被填充后成岩所残留下来的痕迹。

相机GPS点：43°51'23.63"N86°15'24.25"E. 拍摄对象GPS点：43°51'23.75"N86°15'24.36"E. 镜头方位：94°

图 2-85　喀拉扎组砾岩内泥裂现象

三、齐古背斜

在图2-61中观察点③处观察到齐古背斜，其核部出露白垩系东沟组，向两翼依次出露紫泥泉子组、安集海河组及沙湾组（图2-86）。其南翼地层产状为177°∠50°，北翼地层产状为15°∠38°，为不对称的中常背斜，其轴线走向为北西西—南东东向。

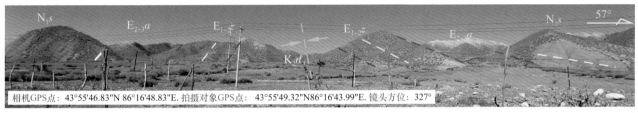

图 2-86　齐古背斜

图2-87是沿背斜轴线向西行进后再向东观察到的齐古背斜转折端，此处地层覆盖严重，但在局部露头中测得地层产状为90°∠52°，说明该地层处于背斜转折端位置，背斜在此处向东倾伏。背斜由两翼向核部地层倾角逐渐变缓。

图 2-87　齐古背斜核部

四、吐谷鲁背斜

在图 2-61 中观察点④处向西侧观察到的吐谷鲁背斜，背斜核部出露古近系安集海河组，向两翼依次出露新近系沙湾组、塔西河组（图 2-88）。其中背斜南翼的塔西河组产状为 198°∠60°，沙湾组产状为 196°∠60°，安集海河组产状为 196°∠50°，靠近霍玛吐断裂的沙湾组产状为 198°∠70°，背斜北翼的塔西河组产状为 10°∠66°。

图 2-88 吐谷鲁背斜（路西）

霍玛吐断裂及其分支发育在背斜核部，其中主断裂 F_1 发育在沙湾组与塔西河组之间，两条分支断裂 F_2、F_3 则分别发育在安集海河组与沙湾组之间及安集海河组内部。主断裂 F_1 与吐谷鲁背斜共同组成断裂传播褶皱，随着挤压应力的持续作用，分支断裂随后形成，使得安集海河组逆冲在沙湾组之上。

图 2-89 是在观察点东侧观察到的吐谷鲁背斜，其构造特征与西侧较为一致，可以相互印证。

图 2-89 吐谷鲁背斜（路东）

图 2-90 是在踏勘路线东侧观察到的霍玛吐断裂主断裂的近景照片，其上盘为沙湾组，地层产状为 198°∠70°，下盘为塔西河组，地层产状为 2°∠80°，根据两盘地层岩性及产状的差异划分其分界可判断断裂位置。图 2-91 中展示了霍玛吐断裂带内部发育的断裂角砾岩，进一步证明了该断裂在此处发育。

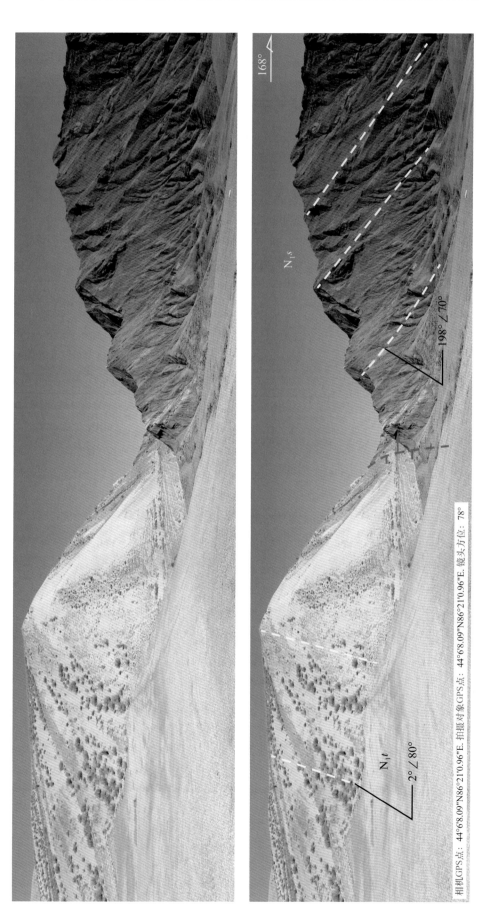

图 2-90　霍玛吐断裂近景（路东）

相机GPS点：44°68.09″N86°21′0.96″E。拍摄对象GPS点：44°68.09″N86°21′0.96″E。镜头方位：78°

相机GPS点：44°6'49.66"N86°20'16.25"E. 拍摄对象GPS点：44°6'49.92"N86°20'14.40"E. 镜头方位：295°

图 2-91　霍玛吐断裂带（路东）

图 2-92 中展示了吐谷鲁背斜南翼新近系沙湾组与塔西河组分界，沙湾组产状为192°∠58°，塔西河组产状为 198°∠60°，两套地层产状近乎一致，呈整合接触关系，主要依据地层颜色及岩性的差异判断其分界。

五、小结

塔西河路线的典型构造为齐古南向斜、齐古背斜及吐谷鲁背斜（图 2-93），背斜紧闭，向斜开阔平缓，具有类似隔挡式褶皱的特征。霍玛吐断裂主要发育在背斜核部，有一条主断裂及两条分支断裂组成。

相机GPS点：44°6'0.90"N86°20'11.35"E. 拍摄对象GPS点：44°6'0.91"N86°20'11.36"E. 镜头方位：250°

图 2-92 新近系沙湾组与塔西河组分界

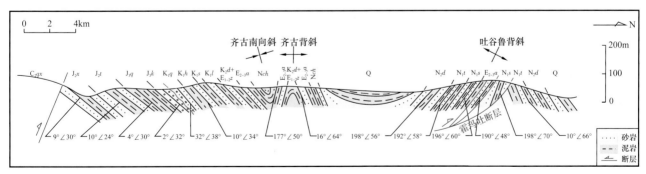

图 2-93 塔西河路线构造剖面图

以野外观察到的典型露头的解译为基础，对邻近塔西河路线的地震剖面 NY201102k 进行解译（图 2-94），图中 a 为齐古背斜，b 为吐谷鲁背斜及霍玛吐断裂，在野外露头及地震剖面中均可观察到，在地震剖面的解译过程中可结合野外露头以使得解译结果更为准确。通过野外地质调查及地震剖面的解

译，认为该剖面受自南向北的挤压应力作用影响，形成了断裂及褶皱组成的山前断褶带，局部可见北倾
的反冲断裂。

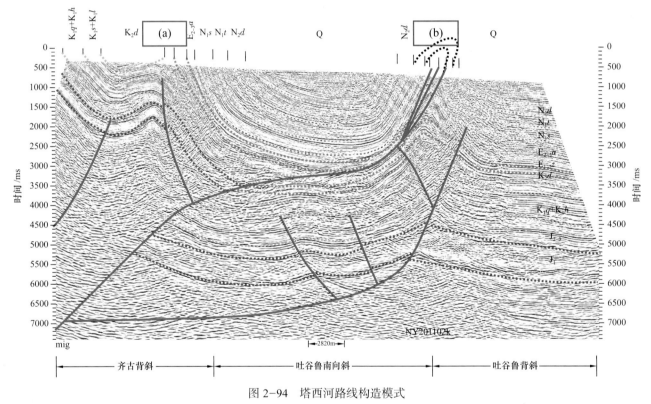

图 2-94　塔西河路线构造模式

此剖面中的霍玛吐断裂同样表现为深部逆冲，在中部转换为近乎水平延伸的滑脱断裂，在上部倾角
变陡的构造特征，其上部的背斜表现为断裂传播褶皱。霍玛吐断裂的下盘的吐谷鲁背斜形态较完整，两
翼倾角近乎相等。此处的吐谷鲁背斜主要受下伏逆断裂影响，受其上部的霍玛吐断裂影响较小，与出露
地表的吐谷鲁背斜具有较大差异。

第六节　玛纳斯河路线

　　玛纳斯河路线位于玛纳斯县南侧，自 G30 连霍高速石河子收费站下高速，再向南沿玛纳斯河西侧小路行驶 9km 即可到达玛纳斯背斜观察点，继续沿路向南行驶 30km 至与 S101 公路交会处可观察到清水河鼻状构造，沿 S101 向东行驶 13km 后向南进入干涸河道，继续向南行驶 6km 可至石炭系与侏罗系分界断裂观察点（图 2-61），路线全长 58km。

　　沿玛纳斯河路线自南向北依次可观察到以下地质构造露头点：① 石炭系与侏罗系间分界断裂、② 清水河鼻状构造、③ 玛纳斯背斜，该路线出露的地层主要为侏罗系、白垩系、古近系及新近系（图 2-62）。

一、石炭系与侏罗系分界断裂

　　图 2-95 为石炭系与侏罗系分界断裂照片，可明显观察到断裂规模较大，断裂带内破碎严重，可观察到断裂角砾，断裂向西南方向倾斜。侏罗系三工河组为下降盘，以砂、泥岩交互层为主；石炭系为上升盘，该组上段岩性以灰黑色凝灰岩为主，中段以黑灰色、灰绿色薄层碳质凝灰质粉砂、凝灰质中—粗粒砂岩为主，下段主要岩性为灰绿色、灰红色安山质细火山角砾岩、凝灰角砾岩、凝灰质砾岩，夹石灰岩透镜体，其产状为 210°∠48°。侏罗系形成了南翼陡，北翼缓的不对称背斜，北翼产状为 2°∠50°，南翼产状为 188°∠60°，其轴部向东南方向倾斜，核部上覆地层受到明显的剥蚀作用。

230°

J_1s　　　　C_2qx

2°∠50°　　　　188°∠60°

相机GPS点：43°49'52.59"N 86° 5'54.20"E. 拍摄对象GPS点：43°49'49.97"N 86° 5'56.89"E. 镜头方位：140°

图 2-95　玛纳斯河石炭系与侏罗系分界断裂

　　图 2-96 为石炭系前峡组与侏罗系三工河组的分界断裂，断裂两盘地层均向南倾斜，其中石炭系前峡组为上升盘，侏罗系三工河组为下降盘，断裂性质为逆断裂，中间缺失上石炭统、二叠系、三叠系及侏罗系八道湾组。

相机GPS点：43°49'32.75"N86°5'50.95"E. 拍摄对象GPS点：43°49'33.80"N86°5'50.88"E. 镜头方位：115°

图 2-96　石炭系与侏罗系分界断裂

　　玛纳斯路线断裂发育，从露头侧面观察可见两条断裂在构造应力的影响下，逐渐合并为一条断裂，断裂向上逆冲断至地表。断裂上盘前峡组岩性为灰色凝灰岩，其产状为 210°∠45°。断裂下盘含有明显的砂、泥互层特征，为侏罗系三工河组。后期经过构造运动的改造，侏罗系三工河组内部发育一条小型逆断裂，断裂下盘发育一个小型背斜（图 2-97）。

二、清水河鼻状构造

　　清水河鼻状构造两翼倾角较缓，核部出露侏罗系齐古组，两翼出露白垩系清水河组。清水河鼻状构造北翼侏罗系齐古组产状为 22°∠38°，南翼地层产状为 196°∠30°，其轴部向南东方向倾斜，为开阔地的不对称背斜（图 2-98）。侏罗系齐古组之上缺失喀拉扎组，齐古组与白垩系为微角度不整合接触关系。

相机GPS点：43°49'32.73"N86°5'48.85"E. 拍摄对象GPS点：43°49'32.73"N86°5'48.85"E. 镜头方位：284°

图 2-97　玛纳斯河路线断裂下盘小型褶皱

相机GPS点：43°53'38.65"N85°2'51.95"E。拍摄对象GPS点：43°53'38.36"N85°2'51.57"E。镜头方位：276°

图2-98 清水河鼻状构造

清水河鼻状构造南翼出露侏罗系齐古组、白垩系清水河组。白垩系是一套浅水湖相灰绿色砂质泥岩与灰绿色砂岩互层，底部有暗红色底砾岩。齐古组主要岩性是河湖相紫红色、暗红色砂质泥岩夹灰绿色砂岩及少量的凝灰岩。白垩系之上的地层遭受剥蚀，与第四纪之间呈角度不整合接触关系，同时白垩系与下伏侏罗系之间同样呈角度不整合接触，地层从东南方向向西北方向倾斜，侏罗系齐古组产状依次为 $160° \angle 24°$、$164° \angle 60°$（图 2-99）。

相机GPS点：43°54'1.11"N86°5'3.60"E. 拍摄对象GPS点：43°54'8.49"N86°5'12.58"E. 镜头方位：45°

图 2-99　清水河鼻状构造南翼

清水河鼻状构造北翼依次出露侏罗系齐古组和白垩系清水河组，侏罗系齐古组岩性以暗红色泥岩为主，白垩系清水河组位于侏罗系之上，岩性以灰绿色砂质泥岩与灰绿色砂岩互层为主，侏罗系齐古组产状为 $12° \angle 18°$，白垩系清水河组产状为 $22° \angle 38°$，两地层之间有明显角度不整合接触（图 2-100）。

相机GPS点：43°54'58.49"N86°3'12.65"E. 拍摄对象GPS点：43°55'1.06"N86°3'2.88"E. 镜头方位：215°

图2-100 清水河北翼不整合

三、玛纳斯背斜

玛纳斯背斜核部出露古近系安集海河组，向两翼依次出露沙湾组、塔西河组及独山子组（图2-101）。霍玛吐断裂发育在玛纳斯背斜核部，其主断裂F1发育在沙湾组及塔西河组之间，分支断裂F2发育在沙湾组与安集海河组之间，分支断裂F3发育在安集海河组内部。背斜两翼地层均向南倾斜，为倒转背斜。玛纳斯背斜受霍玛吐主断裂活动影响发生倒转，为断裂传播褶皱。随着断裂活动增强，分支断裂逐渐发育，古近系安集海河组逆冲在沙湾组之上，形成现今的构造形态。

玛纳斯背斜南翼独山子组产状为180°∠54°，塔西河组产状为170°∠42°，沙湾组产状为184°∠40°；玛纳斯背斜北翼沙湾组产状为184°∠60°，塔西河组产状为208°∠80°，断裂所夹的安集海河组产状为206°∠40°。

图 2-101　玛纳斯背斜核部

　　玛纳斯背斜核部出露新近系沙湾组及古近系安集海河组（图 2-102）。安集海河组岩性主要为灰绿色湖相泥岩夹泥灰岩，新近系岩性以河流相棕红色砂质泥岩，灰红色砾岩、砂岩为主。露头照片中安集海河组与沙湾组之间发育一条逆断裂，安集海河组内部同样发育一条逆断裂，两条断裂均向南倾斜。断裂两侧的沙湾组产状分别为 184°∠40° 和 186°∠60°（图 2-102），靠近断裂的地层受断裂影响，地层倾角变陡。

相机GPS点：44°11'5.15"N86°6'41.77"E. 拍摄对象GPS点：44°11'5.15"N86°6'41.77"E. 镜头方位：255°

图 2-102　玛纳斯背斜核部近景

　　霍玛吐断裂主断裂位于沙湾组及塔西河组之间，沙湾组逆冲在塔西河组之上。图2-103中展示了该断裂的断裂带，其宽度为10m。断裂带内部可观察到断裂角砾岩和断裂泥，断裂带上升盘沙湾组产状为184°∠60°，下降盘塔西河组产状为208°∠80°。

相机GPS点：44°10'53.77"N86°6'35.09"E. 拍摄对象GPS点：44°10'53.77"N86°6'35.09"E. 镜头方位：305°

图2-103　霍玛吐断裂带

　　图2-104中是古近系安集海河组与新近系沙湾组间发育的逆断裂，该断裂是霍玛吐断裂的分支断裂，是在玛纳斯背斜形成后，随着自南向北的挤压应力的持续作用，使得安集海河组逆冲在沙湾组之上形成的逆断裂。断裂产状为196°∠80°，安集海河组产状为206°∠40°，沙湾组产状为182°∠70°（图2-104）。断裂上盘靠近断裂的地层略向上弯曲，具备牵引构造的特征，其弯曲方向指示本盘运动方向。

相机GPS点：44°11'3.69"N85°6'33.13"E. 拍摄对象GPS点：44°11'3.76"N85°6'32.39"E. 镜头方位：270°

图 2-104　安集海河组与沙湾组间逆断裂

　　在玛纳斯背斜北翼沙湾组内部发育一个小型逆断裂，（图 2-105），该断裂向北倾斜，根据两盘灰白色砂岩标志层可测得其断距为 40cm。沙湾组整体向南倾斜，只在上盘靠近断裂位置受断裂活动影响向北倾斜。

相机GPS点：44°11'10.74"N85°6'50.66"E. 拍摄对象GPS点：44°11'10.14"N85°6'49.81"E. 镜头方位：290°

图2-105　沙湾组内部小型逆断裂

四、小结

　　玛纳斯河路线的典型露头自南向北依次为清水河向斜、清水河鼻状构造、玛纳斯向斜和玛纳斯背斜（图2-106）。此路线褶皱发育，在侏罗系、古近系及新近系中，均可观察到出露较好的褶皱，清水河鼻状构造、向斜的侏罗系与白垩系呈微角度不整合接触，玛纳斯背斜新近系存在明显的倒转现象。

　　以野外观察到的典型露头的解译为基础，对邻近玛纳斯河路线的地震剖面NY200202进行了解译（图2-107）。清水河鼻状构造（图2-107a）、玛纳斯背斜（图2-107b）等构造特征在野外露头中可明确的观察到，在地震剖面的解译过程中可结合野外露头以使得解译结果更为准确。

　　以野外观察到的典型露头的解译为基础，认为该剖面受自南向北的挤压应力作用影响，玛纳斯背斜发育南倾逆冲断裂及褶皱组成的山前断褶带，其中褶皱与断裂具有成因联系，主要为断裂传播褶皱。

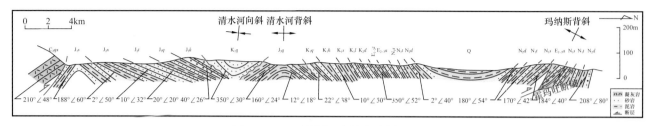

图 2-106 玛纳斯河路线构造剖面图

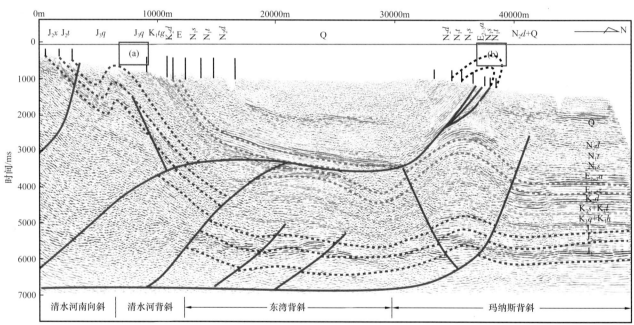

图 2-107 玛纳斯河路线构造模式

第七节　清水河路线

　　清水河路线位于石河子市南西侧，自 G30 连霍高速乌兰乌苏收费站下高速，再向南进入 S223 公路，继续向南行驶 6km 即可到达玛纳斯背斜观察点，继续沿 S223 公路向南行驶 25km，在于 S101 公路交会处向南东方向进入便道，沿便道向东行驶 12km 后可至侏罗系内断裂及揉皱观察点，向南进入河道后行驶 5km 即可到达南玛纳斯背斜观察点（图 2-108），路线全长 48km。

　　清水河路线自南向北依次出露的地质构造包括：① 南玛纳斯背斜、② 西山窑组内部断裂及小揉皱、③ 玛纳斯背斜（图 2-109）。该路线出露的地层主要为侏罗系、白垩系、古近系及新近系，三叠系及二叠系有部分地层出露。

图 2-108　清水河路线及周缘位置及观察点分布图

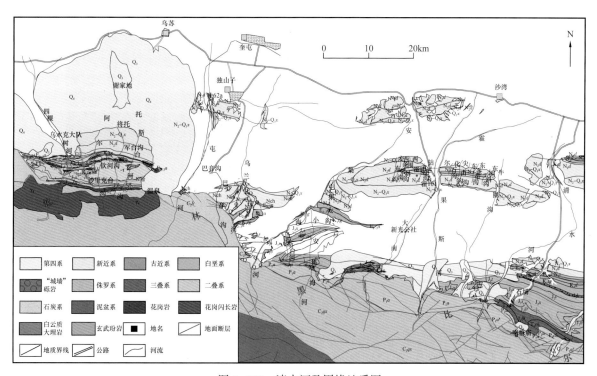

图 2-109　清水河及周缘地质图

一、南玛纳斯背斜

南玛纳斯背斜位于图 2-108 中观察点①处，该背斜核部出露八道湾组，两翼出露侏罗系三工河组，背斜两翼三工河组产状分别为 14°∠42° 和 174°∠36°，侏罗系八道湾组产状分别为 10°∠38° 和 170°∠10°（图 2-110），背斜轴面向东倾斜，为南翼陡、北翼缓的开阔背斜。

相机GPS点：43°53'14.44"N85°50'7.35"E. 拍摄对象GPS点：43°53'14.43"N85°50'12.17"E. 镜头方位：105°

图 2-110　南玛纳斯背斜路东

　　南玛纳斯背斜核部路西露头主要出露侏罗系八道湾组（图 2-111），主要岩性是湖沼相的灰白色、灰绿色砂岩与灰黑色、暗灰色、紫红色泥岩互层夹砾岩、煤层、碳质泥岩、菱铁矿层。背斜南翼地层产状为188°∠18°，北翼地层产状为18°∠20°，背斜轴面向南倾斜，其上部的侏罗系被剥蚀。

相机GPS点：43°53'14.89"N85°50'4.08"E. 拍摄对象GPS点：43°53'14.89"N85°50'4.08"E. 镜头方位：286°

图 2-111　南玛纳斯背斜核部路西

二、侏罗系西山窑组内断裂及揉皱

图 2-112 中的野外露头主要出露侏罗系西山窑组，主要岩性为沼泽相灰绿色、灰白色砂岩、粉砂岩与灰绿色、黑色泥岩夹煤层。侏罗系西山窑组两侧硬度较大的砂岩层在强烈的挤压作用下沿塑形较强的碳质泥岩层滑动，导致泥页岩层发生揉皱，且在挤压构造运动背景下在层内发育一条逆断裂（图 2-112），根据两盘地层岩性差异可判断断裂发育位置，由于出露地层厚度较小，未找到两盘对应的标志层，不能明确具体断距。

图 2-112 侏罗纪西山窑组内部断裂及揉皱

三、玛纳斯背斜

玛纳斯背斜核部出露古近系安集海河组及新近系沙湾组，背斜南翼可观察到塔西河组，背斜北翼缺失塔西河组及沙湾组（图2-113）。背斜北翼沙湾组产状为188°∠70°，远离断裂的沙湾组产状为178°∠32°。靠近断裂的地层由于处于背斜转折端处，同时受到断裂活动的影响倾角变陡。

相机GPS点：44°12'37.27"N85°49'19.21"E. 拍摄对象GPS点：44°12'34.48"N85°49'8.55"E. 镜头方位：255°

图2-113　玛纳斯背斜路西

霍玛吐断裂及其分支在背斜核部发育，其中主断裂上盘为安集海河组，其产状为12°∠80°，下盘为独山子组；分支断裂发育在安集海河组内部，断裂两盘的安集海河组倾向相反。判断背斜形成后安集海河组逆冲在东沟组之上，上部遭受剥蚀后安集海河组露出地表，随着挤压应力作用的持续，分支断裂在背斜转折端处发育，形成了现今的构造现象。

图2-114是在踏勘路线东侧观察到的玛纳斯背斜核部构造特征。断裂北侧地层为古近系安集海河组，地层产状为12°∠20°，南侧依次出露古近系安集海河组、新近系沙湾组和新近系塔西河组，主要依据岩性及颜色差异判断地层分界，其中背斜南翼安集海河组组产状为178°∠32°，沙湾组产状为176°∠58°。安集海河组内部发育逆断裂，该断裂是霍玛吐断裂主断裂，断裂面向南倾斜。

图2-115是在背斜核部安集海河组内部观察到的小型逆断裂，根据断裂两盘标志层测得其断距为1m，断裂下盘地层产状为202°∠82°，上盘地层产状为178°∠74°。地层顶部遭受风化剥蚀，与上覆第四系呈角度不整合接触关系。

相机GPS点：44°12'34.63"N85°49'4.79"E. 拍摄对象GPS点：44°12'34.63"N85°49'4.79"E. 镜头方位：88°

图2-114 玛纳斯背斜路东

四、小结

清水河路线的典型露头为玛纳斯背斜及南玛纳斯背斜，此路线地层出露比较完整，白垩系、古近系、新近系均有较完整出露。剖面受自南向北的挤压应力作用影响，形成了南倾逆冲断裂及褶皱组成的山前断褶带，玛纳斯背斜与霍玛吐断裂具有成因联系，表现为北陡南缓的断裂传播褶皱（图2-116）。

以野外观察到的典型露头的解译为基础，对邻近清水河的地震剖面NY201103k进行解译，其中图2-117a为南玛纳斯背斜，图2-117b为玛纳斯背斜，在野外露头及地震剖面中均可观察到，在地震剖面的解译过程中可结合野外露头以使得解译结果更为准确。玛纳斯背斜北翼陡南翼缓，其核部发育霍玛吐断裂及其分支，在背斜形成后安集海河组逆冲在东沟组之上，上部遭受剥蚀后安集海河组露出地表，随着挤压应力作用的持续，分支断裂在背斜转折端处发育，形成了现今的构造现象。

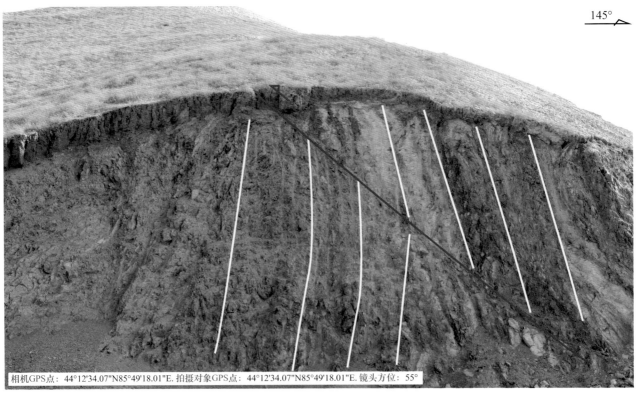

145°

相机GPS点：44°12'34.07"N85°49'18.01"E.拍摄对象GPS点：44°12'34.07"N85°49'18.01"E.镜头方位：55°

图2-115 安集海河组内部小型逆断裂

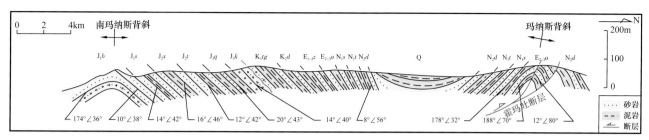

图 2-116　清水河路线构造剖面图

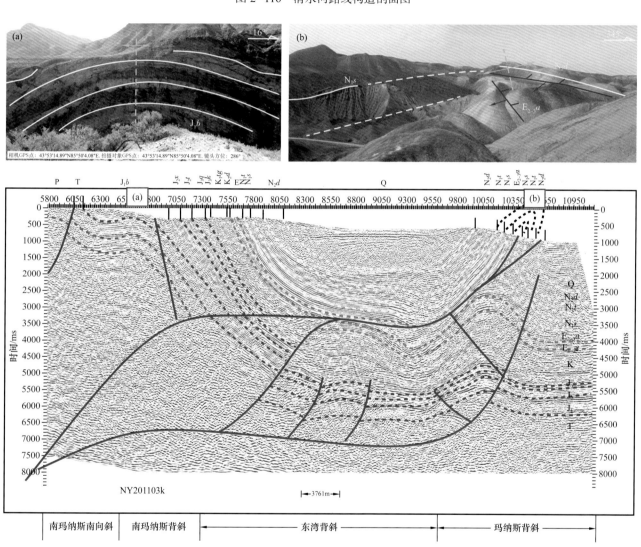

图 2-117　清水河路线构造模式

第八节　霍尔果斯河路线

　　霍尔果斯河路线位于安集海镇南侧，自 G30 连霍高速安集海镇收费站下高速，再向南进入 X805 公路，向南行驶 3km 即可到达安集海背斜观察点，继续沿 X805 公路向南行驶 17km 即可到达霍尔果斯背斜观察点，观察对象位于道路两侧；继续沿 X805 公路向南行驶 25km 后向西进入 S101 公路，沿路行驶 25km 可观察到侏罗系与二叠系分界断裂，之后向北沿山沟行驶 9km 可观察到南安集海背斜

（图 2-108），路线全长 79km。

霍尔果斯河路线自南向北依次出露的地质构造点包括：① 侏罗系与二叠系分界断裂、② 南安集海背斜、③ 霍尔果斯背斜、④ 安集海背斜。该路线出露的地层主要为侏罗系、白垩系、古近系及新近系，二叠系有部分出露（图 2-109）。

一、侏罗系与二叠系分界断裂

侏罗系与二叠系分界断裂位于图 2-108 中观察点①处，为向南倾斜的逆断裂。断裂上盘出露二叠系阿尔巴萨依组，地层产状为 0°∠20°，下盘出露侏罗系八道湾组，地层产状为 218°∠50°（图 2-118），根据两盘地层产状及岩性差异可判断断裂发育位置。层间断裂活动剧烈，断裂带内部岩石破碎严重，可观察到断裂角砾岩。

相机GPS点：43°58'54.72"N85°2'45.10"E. 拍摄对象GPS点：43°58'52.41"N85°2'38.55"E. 镜头方位：245°

图 2-118　二叠系与侏罗系间断裂（路西）

图 2-119 是在踏勘路线东侧观察到的同一断裂，断裂两侧分别出露二叠系阿尔巴萨依组和侏罗系八道湾组，二叠系阿尔巴萨依组主要岩性为凝灰质砂岩，八道湾组主要岩性是湖沼相灰白色、灰绿色砂岩与灰黑色、暗灰色、紫红色泥岩互层夹砾岩、煤层。

二、南安集海背斜

图 2-120 是在踏勘路线东侧观察到的南安集海背斜，其核部主要出露侏罗系八道湾组，其岩性为灰白色、灰绿色砂岩与暗灰色泥岩互层夹砾岩，背斜轴线走向为北东—南西向，北东翼地层产状为 340°∠36°，南西翼地层产状为 170°∠32°。

图 2-121 是在踏勘路线西侧观察到的安集海背斜，其核部同样出露侏罗系八道湾组，根踏勘路线两侧背斜转折端出露位置测得背斜轴线走向为北东—南西向，此处背斜北东翼地层产状为 354°∠50°，南西翼地层产状为 178°∠36°。

相机GPS点：43°58'22.16"N85°7'1.62"E. 拍摄对象GPS点：43°58'22.16"N85°7'1.62"E. 镜头方位：95°

图 2-119　二叠系与侏罗系间断裂（路东）

相机GPS点：44°2'28.58"N85°4'24.82"E. 拍摄对象GPS点：44°2'28.54"N85°4'26.05"E. 镜头方位：58°

图 2-120　南安集海背斜（路东）

相机GPS点：44°2'28.94"N85°4'32.49"E. 拍摄对象GPS点：44°2'28.82"N85°4'32.39"E. 镜头方位：255°

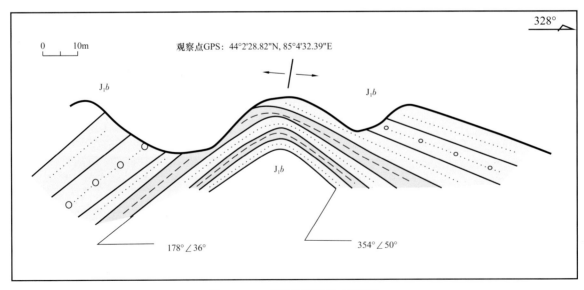

图 2-121　南安集海背斜（路西）

图 2-122 为一处重力滑动构造，该构造发育在古近系安集海河组之上覆盖的第四系沉积内部。其成因是第四系松散沉积在雨水的侵蚀作用及重力的作用下沿倾斜面发生滑动，形成的重力滑动构造。

相机GPS点：44°6'14.21"N85°6'47.24"E.拍摄对象GPS点：44°6'14.21"N85°6'47.24"E.镜头方位：155°

图 2-122　重力滑动构造

图 2-123 展示了新近系沙湾组与古近系安集海河组之间地层接触关系。新近系沙湾组岩性以棕红色
砂质泥岩、灰红色砂岩为主，地层产状为 22°∠44°；古近系安集海河组主要岩性是棕灰色、泥岩夹灰绿
色砂岩，地层产状为 18°∠40°。此处沙湾组与安集海河组之间的分界较清晰，两者之间呈平行不整合接
触，根据地层颜色及岩性可划分地层分界位置。

相机GPS点：44°6'9.77"N85°6'2.29"E. 拍摄对象GPS点：44°6'9.77"N85°6'2.29"E. 镜头方位：275°

图 2-123　新近系与古近系分界

三、霍尔果斯背斜

图 2-124 是在图 2-108 中观察点③处向东观察到的霍尔果斯背斜，其核部出露新近系沙湾组及古近
系安集海河组。背斜北翼地层产状为 188°∠86°，背斜南翼地层产状为 176°∠48°，两翼地层均向南倾斜，
为倒转背斜。

霍玛吐断裂切过背斜核部，断裂产状为 86°∠60°，断裂上盘安集海河组产状为 182°∠54°，新近系沙
湾组产状为 172°∠60°。安集海河组及其上部的沙湾组等地层一同逆冲于背斜转折端之上。

图 2-125 是霍尔果斯背斜转折端近景照片，背斜东北翼地层产状为 188°∠86°，西南翼地层产状为
160°∠62°，两翼地层均向南倾斜，转折端上覆地层虽然遭受了剥蚀，但仍可观察到较完整的转折端形
态，进一步证明了该背斜为倒转背斜。

相机GPS点：44°10'37.19"N85°26'55.34"E. 拍摄对象GPS点：44°10'36.20"N85°27'0.65"E. 镜头方位：88°

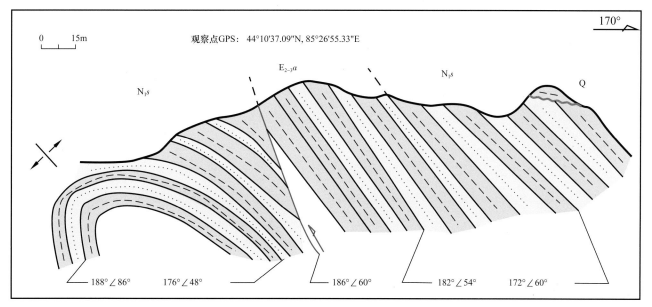

图2-124　霍尔果斯背斜（路东）

　　图2-126是霍尔果斯背斜南翼地层的全景照片，从北到南依次出露新近系沙湾组、塔西河组和独山子组，沙湾组产状为172°∠60°，塔西河组产状为176°∠58°，独山子组产状为166°∠64°，各地层之间均为整合接触，可根据地层岩性及颜色差异判断地层分界位置。各地层顶部遭受剥蚀，与第四纪呈角度不整合接触。

图 2-125　霍尔果斯背斜核部（路东）

图 2-126　霍尔果斯背斜南翼

图 2-127 是霍尔果斯河背斜北翼地层远景照片，自北向南出露新近系塔西河组、沙湾组，其中塔西河组产状为 202°∠70°，沙湾组产状为 170°∠84°。背斜北翼地层均向南倾斜，证明霍尔果斯背斜为倒转背斜。

图 2-127　霍尔果斯背斜北翼

在霍尔果斯背斜北翼观察到新近系塔西河组及第四系西域组之间断裂接触关系。在自南向北的挤压构造运动的影响下，塔西河组逆冲在第四纪西域组之上，塔西河组产状为 198°∠70°，西域组近乎与地表平行（图 2-128）。

图 2-129 是在踏勘路线西侧观察到的霍尔果斯背斜，其核部出露新近系沙湾组，两侧出露塔西河组，地层间均为整合接触，背斜轴面向南倾斜。背斜南翼塔西河组产状为 168°∠68°，新近系沙湾组产状为 182°∠64°，两翼地层均向南倾斜，故霍尔果斯背斜为一倒转背斜（图 2-129）。安集海河组及霍玛吐断裂在此侧未见出露。

图 2-130 是沿霍尔果斯背斜轴线向西行进后观察到的转折端，转折端出露新近系沙湾组，主要岩性为棕红色砂质泥岩，灰红色砂岩。新近系沙湾组较平缓，轴面向南倾斜，表现为北翼陡、南翼缓的宽缓背斜；沙湾组顶部遭受剥蚀，与上覆第四纪之间呈角度不整合接触。第四纪地层岩性为灰色砾岩，有时夹少量黄灰色砂岩和砂质砾岩。

四、安集海背斜

安集海背斜位于路线最北侧，图 2-108 中观察点④处，主要出露新近系独山子组，两翼地层产状较为平缓，北翼地层产状为 352°∠8°，南翼地层产状为 160°∠14°，两翼倾角近乎相等，为平缓的对称背斜（图 2-131）。与霍尔果斯背斜相比，安集海背斜所受的挤压应力作用明显较小，说明应力在传播过程中逐渐消减。

相机GPS点：44°11'5.39"N85°27'37.63"E. 拍摄对象GPS点：44°11'4.13"N85°27'36.66"E. 镜头方位：114°

图2-128　霍尔果斯背斜北翼新近系与第四系之间断裂接触关系

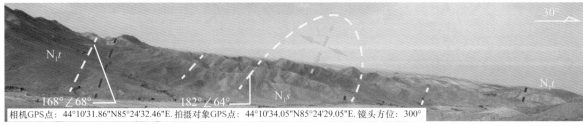

相机GPS点：44°10'31.86"N85°24'32.46"E. 拍摄对象GPS点：44°10'34.05"N85°24'29.05"E. 镜头方位：300°

图2-129　霍尔果斯背斜（路西）

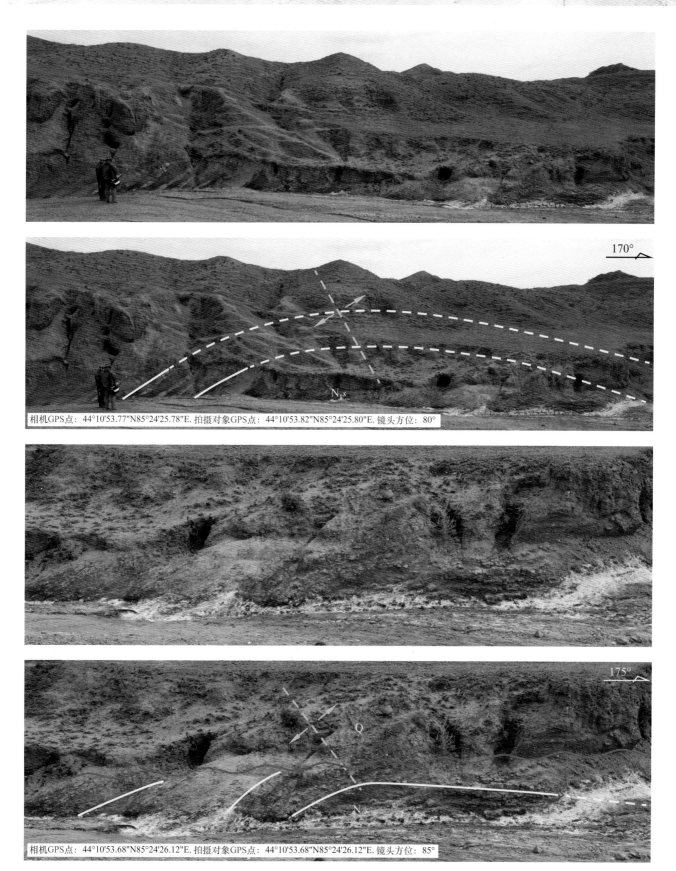

图 2-130　霍尔果斯背斜核部地层（高点）

相机GPS点：44°18′13.36″N85°22′30.62″E. 拍摄对象GPS点：44°18′16.93″N85°22′34.91″E. 镜头方位：63°

图2-131 安集海背斜新近系独山子组

在安集海背斜北翼独山子组内部观察到一条小型正断裂，断裂面产状为 104°∠82°，断裂带宽 88cm，根据断裂两盘标志层可测得断距为 3m（图 2-132）。在断裂带内部可观察到一个小型构造透镜体。

相机GPS点：44°18'10.97"N85°22'58.39"E. 拍摄对象GPS点：44°18'10.97"N85°22'58.39"E. 镜头方位：32°

相机GPS点：44°18'11.28"N85°22'58.54"E. 拍摄对象GPS点：44°18'11.28"N85°22'58.54"E.

图 2-132 北翼新近系独山子组内部小型正断裂

五、小结

霍尔果斯河路线的典型露头自南向北依次为南安集海向斜、南安集海背斜、霍尔果斯向斜、霍尔果斯背斜和安集海背斜（图2-133）。地表出露地层比较完整，此路线褶皱、不整合、断裂发育，受南北向的挤压作用形成的逆冲断裂影响而发育的断裂传播褶皱。霍尔果斯河路线主要地层为新近系、古近系和第四系。霍尔果斯背斜地区构造运动剧烈，新近系发生倒转，霍玛吐断裂向上逆冲至地表。安集海背斜地层主要为新近系独山子组，与上覆地层形成不整合接触。

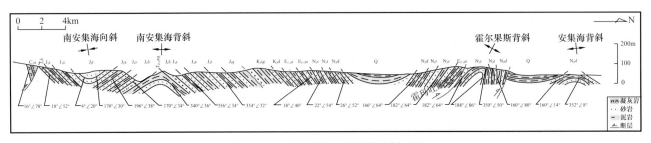

图2-133　霍尔果斯河路线构造剖面图

以野外观察到的典型露头的解译为基础，对邻近霍尔果斯河的地震剖面HE201201+AN201102K进行解译，图2-134a为霍尔果斯背斜，图2-134b为安集海背斜，在野外露头及地震剖面中均可观察到，在地震剖面的解译过程中可结合野外露头以使得解译结果更为准确。

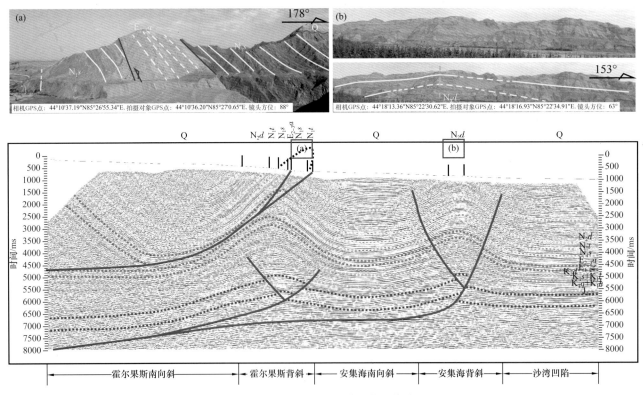

图2-134　霍尔果斯河路线构造模式

通过野外露头观测及地震剖面解释，认为该剖面受自南向北的挤压应力作用影响，霍尔果斯河剖面发育逆冲断裂及褶皱组成的山前断褶带，且地层有明显的倒转现象，其中霍尔果斯背斜与霍玛吐断裂具有成因联系，表现为断裂传播褶皱。此剖面中可观察到较完整的倒转背斜形态，背斜北翼地层向南倾斜，发生地层倒转。

|第三章| 南缘西段典型构造解析

第一节　奎屯河路线

　　奎屯河路线实际包含奎屯河与阿尔钦沟两条路线，路线总体位于乌苏市南侧，自 G30 连霍高速奎屯西收费站下高速，再向南进入 G217 公路，继续向南行驶 9.5km 后右转进入奎河路，再向前行驶 3.5km 后即可到达独山子背斜观察点，之后向南进入 X805 公路，沿路继续向南行驶 25km 后向北沿河道行驶 2km 即可到达托斯台 1 号背斜观察点，回到 X805 公路后继续沿路向西行驶 16km 后向北进入便道即进入阿尔钦沟路线，沟口可观察到南阿尔钦沟背斜，继续向北行驶 3km 后即可到达北阿尔钦沟背斜观察点。路线全长 59km（图 3-1）。

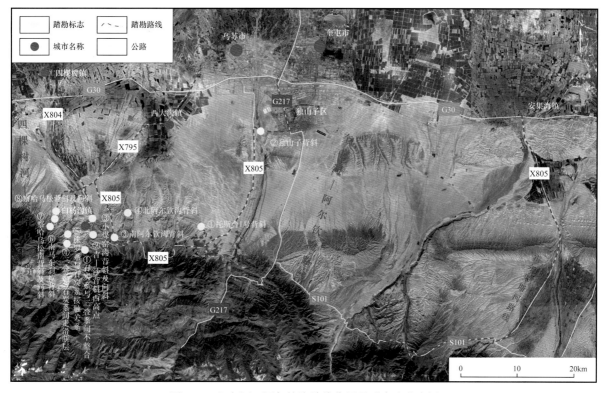

图 3-1　奎屯河—阿尔钦沟路线位置及观察点分布图

　　奎屯河路线包含奎屯河路线及阿尔钦沟两条路线，其中在奎屯河路线可观察到地质构造出露点：① 托斯台 1 号背斜、② 独山子背斜两个典型构造；在阿尔钦沟路线上可以观察到的地质构造出露点为：③ 南阿尔钦沟背斜、④ 北阿尔钦沟背斜两个典型背斜构造。该路线出露的地层主要为侏罗系、白垩系、古近系及新近系（图 2-109）。

一、东托斯台 1 号背斜

　　在图 3-1 中奎屯河—阿尔钦沟路线观察点①处观察到东托斯台 1 号背斜远景（图 3-2），该背斜核部

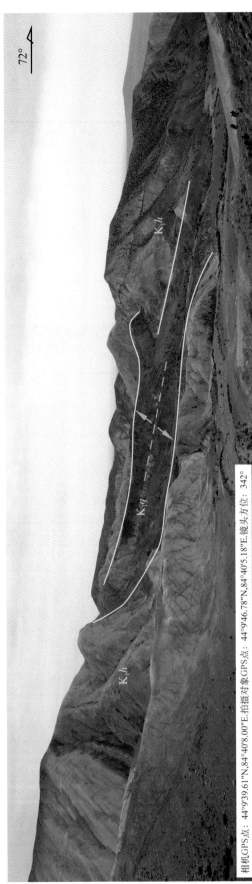

图 3-2 东托斯台 1 号背斜远景

相机GPS点：44°9′39.61″N,84°40′8.00″E，拍摄对象GPS点：44°9′46.78″N,84°40′5.18″E，镜头方位：342°

出露清水河组，两翼出露呼图壁河组，清水河组主要岩性是灰绿色含砾砂岩，呼图壁河组是灰红色条带状砂泥岩互层。

东托斯台 1 号背斜轴向走向为北西西—南东东向，其北翼发育一条小型右旋走滑断裂，造成清水河组局部与呼图壁河组对置，表现为右旋特征。该观察点露头出露良好，但因背斜与断裂叠加，造成构造复杂，不容易识别构造全貌。另外，该路线上还能观察到多处油砂，呈灰黑色，含在粗砂岩中。因第四纪覆盖，整体出露区域面积小。

图 3-3 中可观察到一条走滑断裂，根据以呼图壁河组与清水河组之间的分界作为标志层，可测得该断裂的断距为 25m，且为右旋走滑断裂。断裂北盘产状为 178°∠78°，南盘产状为 344°∠70°，南盘靠近断裂的地层受断裂影响，发育明显的牵引构造，其产状为 92°∠74°，其弯曲方向指示本盘运动方向，进一步证明了断裂的右旋走滑性质。图 3-4 中可观察到较清晰的断裂面，其产状为 142°∠72°，走向为北东—南西向。

图 3-3　东托斯台 1 号背斜北翼牵引构造

在踏勘路线西侧观察到较完整的东托斯台 1 号背斜（图 3-5），其核部出露清水河组，两翼出露呼图壁河组，两翼地层产状分别为 176°∠70° 及 182°∠80°，均向南倾斜，为倒转的紧闭背斜。

图 3-4　东托斯台 1 号背斜北翼走滑断裂

图 3-5 东托斯台 1 号背斜（路西）

二、独山子背斜

独山子背斜位于图 3-1 中奎屯河—阿尔钦沟路线观察点②处，主要出露独山子组，该背斜为北翼陡，南翼缓的不对称褶皱（图 3-6），背斜轴线走向为北西西—南东东向，轴面向南倾斜，其顶部遭到剥蚀，与第四系之间呈角度不整合接触关系。南翼产状为 170°∠30°，北翼地层产状为 324°∠60°，北翼地层倾角大于南翼，具备断裂传播褶皱特征。图 3-7 是在观察点向东观察到的独山子背斜，此处背斜核部出露塔西河组，且发育一条逆断裂，该断裂与独山子背斜组成断裂传播褶皱。

三、南阿尔钦沟背斜及向斜

在图 3-1 中奎屯河—阿尔钦沟路线观察点③处向东观察到南阿尔钦背斜及向斜（图 3-8），其中向斜位于背斜南侧，向斜核部出露侏罗系齐古组，背斜核部出露西山窑组，鞍部出露头屯河组。南阿尔钦沟向斜南翼产状为 30°∠16°，北翼产状为 160°∠25°（图 3-9），南阿尔钦沟背斜北翼地层产状为 24°∠38°，南翼地层产状为 148°∠32°（图 3-10）。

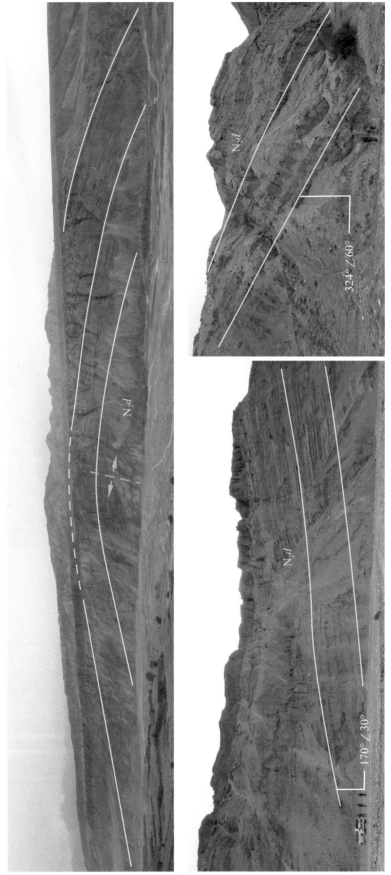

图 3-6　独山子背斜（西侧）

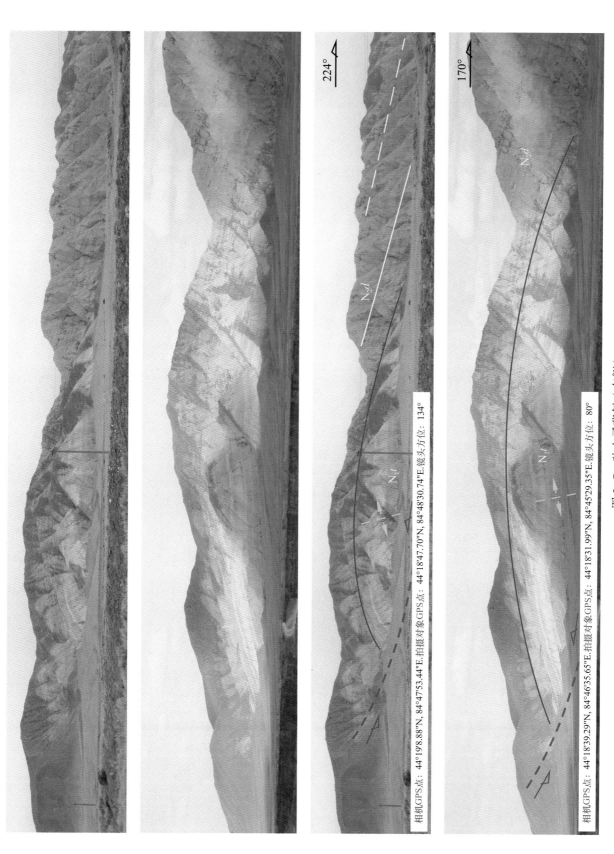

224°

170°

N₂d

N₂d

N₁t

N₁t

相机GPS点：44°19'8.88"N，84°47'53.44"E.拍摄对象GPS点：44°18'47.70"N，84°48'30.74"E.镜头方位：134°

相机GPS点：44°18'39.29"N，84°46'35.65"E.拍摄对象GPS点：44°18'31.99"N，84°45'29.35"E.镜头方位：80°

图 3-7　独山子背斜（东侧）

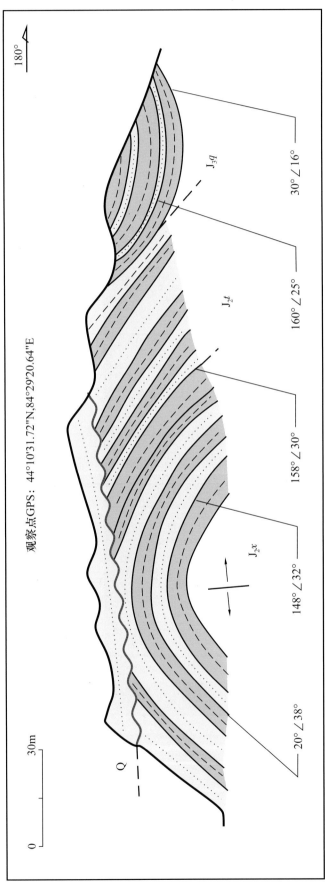

观察点GPS：44°10′31.72″N,84°29′20.64″E

图3-8 南阿尔钦沟背斜及向斜

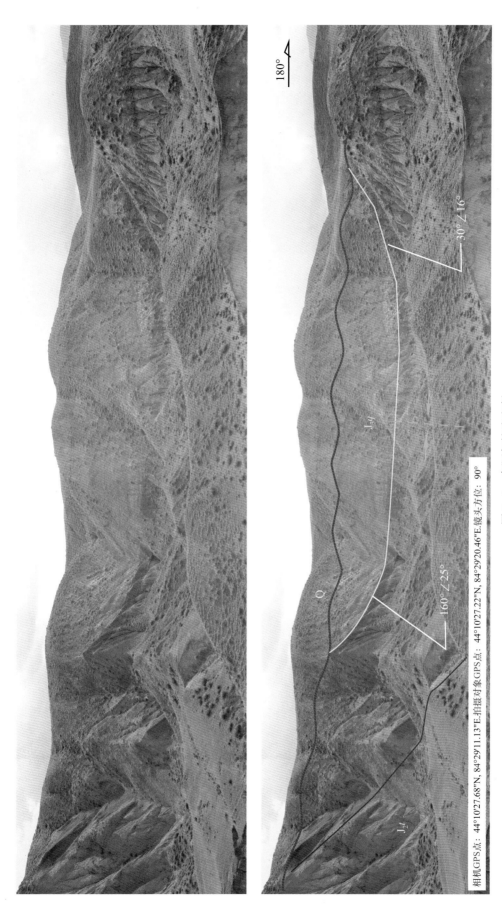

相机GPS点：44°10′27.68″N, 84°29′11.13″E. 拍摄对象GPS点：44°10′27.22″N, 84°29′20.46″E. 镜头方位：90°

图 3-9 南阿尔钦沟向斜

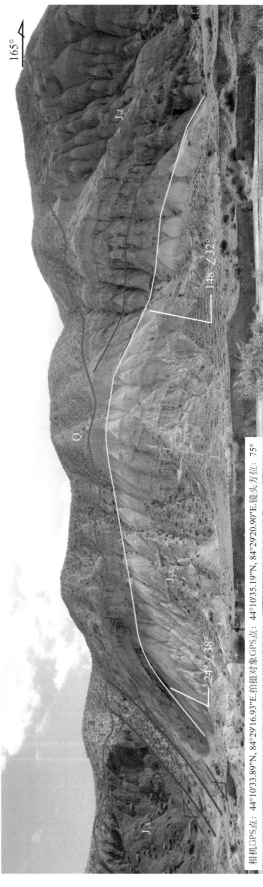

相机GPS点：44°10'33.89"N，84°29'16.93"E.拍摄对象GPS点：44°10'35.19"N，84°29'20.90"E.镜头方位：75°

图3-10 南阿尔钦沟背斜

背斜北翼发育一条逆断裂，此次踏勘将其命名为察哈乌松—沙里克台断裂（图3-11），该断裂向北倾斜，其上盘出露三工河组，地层产状为356°∠64°，断裂北侧发育一条向南倾斜的分支断裂。

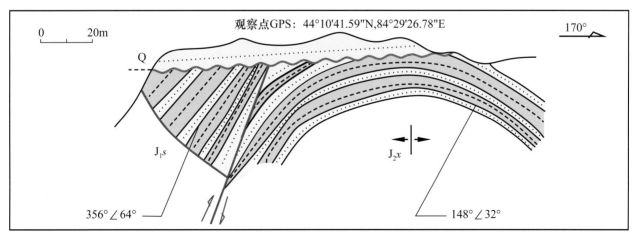

图3-11　察哈乌松—沙里克台断裂

图3-12是在踏勘路线西侧观察到的察哈乌松—沙里克台断裂分支，该断裂向南倾斜，上盘出露三工河组，地层产状为324°∠70°，下盘出露头屯河组，地层产状为346°∠64°，根据两盘地层岩性及产状变化可判断断裂发育位置。

相机GPS点：44°10'39.96"N，84°29'8.93"E.拍摄对象GPS点：44°10'40.23"N，84°29'7.68"E.镜头方位：290°

图 3-12　察哈乌松—沙里克台断裂分支

图3-13展示了南阿尔钦沟背斜北翼观察到的白垩系清水河组与侏罗系齐古组之间的不整合接触关系。不整合面之上的清水河组产状为350°∠70°，不整合面之下的齐古组产状为344°∠66°，侏罗系顶部缺失喀拉扎组，以上现象均证明了两套地层之间呈角度不整合接触关系。

四、北阿尔钦沟背斜

在图3-2中观察点④处向东观察到北阿尔钦沟背斜（图3-14、图3-15），该背斜核部出露头屯河组，向两翼依次出露齐古组及白垩系清水河组，各地层之间主要依据颜色及岩性划分其分界。背斜北翼发育两条逆断裂及一条正断裂，断裂之间发育层间褶皱。

图 3-13 侏罗系与白垩系间不整合

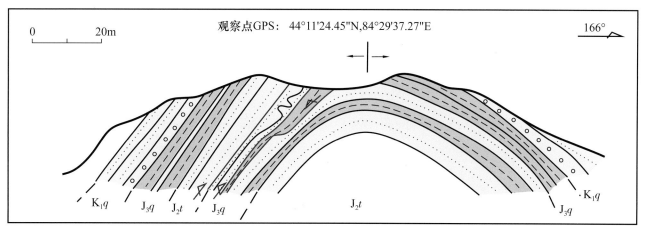

图 3-14 北阿尔钦沟背斜素描图

图 3-16 中展示了北阿尔钦沟背斜北翼的一系列断裂及层间褶皱的构造特征。其中 F1 及 F2 表现为逆断裂，F3 表现为正断裂。F1 上盘出露头屯河组，下盘为齐古组，F2 及 F3 上下两盘均为齐古组。F1 的规模最大，造成了头屯河组逆冲于齐古组之上，表现为背斜北翼的地层重复现象。F1 与 F2 的差异性活动导致了两条断裂之间发育层间褶皱，F3 与其上盘地层组成了断裂转折褶皱（图 3-17）。

相机GPS点：44°11'20.48"N，84°29'27.83"E.拍摄对象GPS点：44°11'23.67"N，84°29'50.01"E.镜头方位：85°

图 3-15　北阿尔钦沟背斜

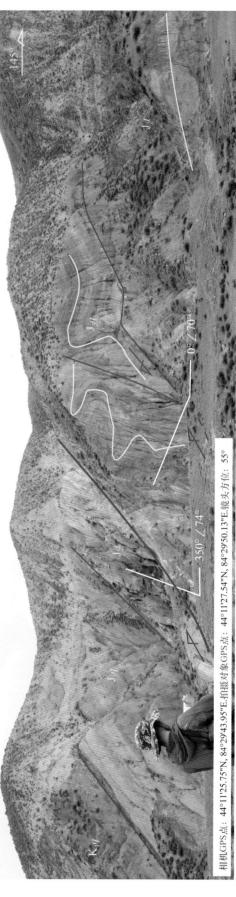

相机GPS点：44°11′25.75″N，84°29′43.95″E.拍摄对象GPS点：44°11′27.54″N，84°29′50.13″E.镜头方位：55°

图 3-16　北阿尔钦沟背斜北翼断裂及褶皱

相机GPS点：44°11'27.17"N, 84°29'49.37"E.拍摄对象GPS点：44°11'28.22"N, 84°29'49.93"E.镜头方位：20°

图 3-17 北阿尔钦沟背斜北翼层间褶皱

五、小结

奎屯河路线分为奎屯河及阿尔钦沟两段，其典型构造为东托斯台 1 号背斜、独山子背斜、南阿尔钦沟背斜及向斜及北阿尔钦沟背斜（图 3-18），其中东托斯台 1 号背斜表现为倒转背斜，在其北翼发育一条右旋压扭性断裂。独山子背斜表现为北翼陡南翼缓的不对称背斜，其北翼出露一条逆断裂，判断其为断裂传播褶皱。南阿尔钦沟背斜北翼及阿尔钦沟背斜北翼均观察到北倾逆断裂，其成因是自南向北的挤压应力减弱或在断裂活动的前部有较强的阻抗而形成的反冲断裂（图 3-19）。

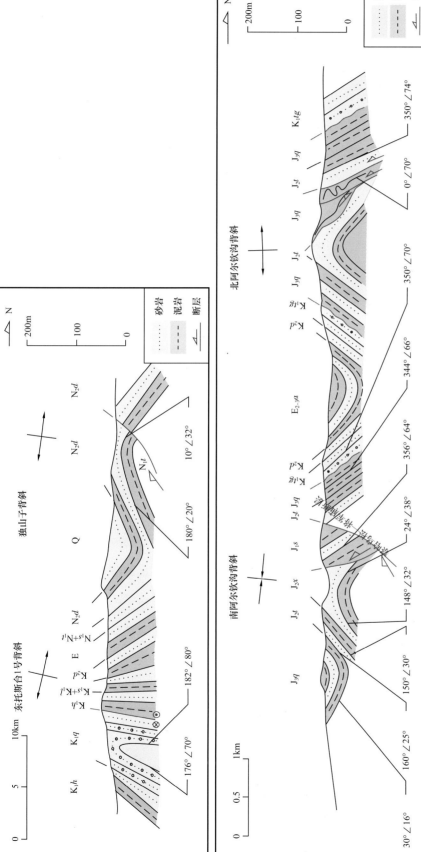

图 3-18 奎屯河路线构造剖面图（左：奎屯河；右：阿尔钦沟）

图 3-19 反冲断裂成因模式

　　以野外观察到的典型露头的解译为基础，对邻近奎屯河路线的地震剖面 TS201301k+NS200704 进行解译（图 3-20），图中 a 为东托斯台 1 号背斜，b 为独山子背斜，同时对邻近独山子背斜的地震剖面 DS201101k（图 3-21）及邻近阿尔钦沟路线的剖面 TS200303（图 3-22）进行了解释，各典型构造在野外露头及地震剖面中均可观察到，在地震剖面的解译过程中可结合野外露头以使得解译结果更为准确。通过野外地质调查及地震剖面的解译，认为该剖面受自南向北的挤压应力作用影响，形成了断裂及褶皱组成的山前断褶带，局部可见北倾的反冲断裂。在地震剖面中还可观察到与主断裂倾向相反的断裂，其成因是自南向北的挤压应力减弱或在断裂活动的前部有较强的阻抗而形成的反冲断裂。

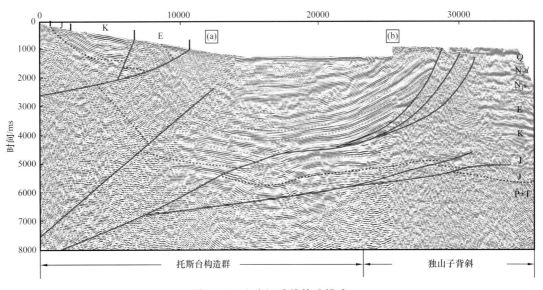

图 3-20　奎屯河路线构造模式

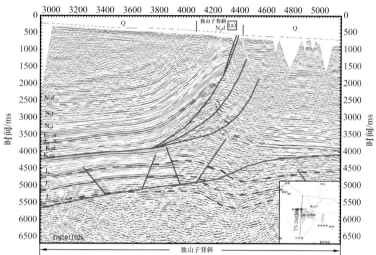

图 3-21　独山子背斜构造模式

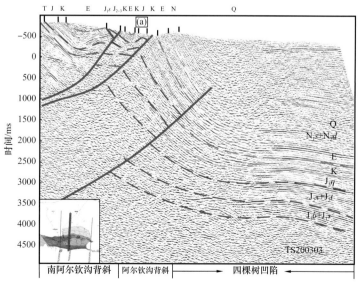

图 3-22　阿尔钦沟路线构造模式

第二节　四棵树河路线

四棵树河路线包括四棵树河与察哈乌松两条路线，整体区域位丁四棵树镇南侧，该路线分三条岔路。首先自 G30 连霍高速四棵树镇收费站下高速，再向南进入 X804 公路，之后向南行驶 23km 后即可到达小煤窑沟背斜观察点，继续向南行驶 1.5km 可观察到吉—沙背斜西高点，继续向南行驶 4km 后可观察到侏罗系与石炭系间不整合。第二条岔路自四棵树镇收费站下高速，向南进入 X804 公路行驶 17km 后，在岔路向南西方向沿 X795 公路行驶 8km，之后过白杨沟镇向南东方向进入便道，行驶 4km 后可观察到侏罗系与石炭系接触关系，继续向西行进 2km 后可观察到三叠系与石炭系间走滑断裂。第三条岔路自四棵树镇收费站下高速，向南进入 X804 公路行驶 17km 后，在岔路向南西方向沿 X795 公路行驶 5km 后向西进入岔路，沿便道行驶 6km 可至察哈乌松背斜观察点，下车后向南行进 1km 可至察哈乌松南背斜观察点，继续向南行进 600m 可观察到南马东刹拉背斜（图 3-1）。

四棵树河路线由四棵树河及察哈乌松两条路线组成，其中四棵树河路线地质构造出露点为：① 石炭系与三叠系间不整合、② 吉尔格勒背斜西高点、③ 小煤窑沟背斜及向斜。察哈乌松路线地质构造出露点为：④ 三叠系与石炭系间走滑断裂、⑤ 侏罗系与石炭系接触关系、⑥ 南马东刹拉背斜、⑦ 察哈乌松南背斜及向斜、⑧ 察哈乌松背斜及向斜。

四棵树河路线出露的地层主要为三叠系、侏罗系、白垩系、古近系（图 2-109），其中典型构造主要出露于侏罗系内部，三叠系在整个南缘中西段出露较少，但在此路线可观察到多处露头。此路线中褶皱构造较为发育且彼此之间间距较小，反映此处在构造演化过程中受到了多期强烈的挤压应力作用。

一、石炭系与三叠系不整合

石炭系与三叠系间不整合位于图 3-1 中四棵树河路线最南端观察点①处，不整合面之上出露三叠系韭菜园子组，其岩性主要为紫红色泥岩夹砂岩，不整合面之下出露石炭系巴音沟组，其岩性主要为凝灰岩及凝灰质砂岩（图 3-23）。

相机GPS点：44°8'1.58"N，84°24'15.21"E.拍摄对象GPS点：44°8'3.73"N，84°24'11.33"E.镜头方位：300°

图 3-23　石炭系与三叠系间不整合远景

图3-24中展示的是石炭系与三叠系之间不整合近景照片，可观察到韭菜园子组与巴音沟组之间地层倾角存在差异，两者之间缺失上石炭统及二叠系，呈角度不整合接触关系。根据两组的产状、颜色及岩性差异可判断不整合发育位置。该接触关系进一步揭示四棵树凹陷与依林黑比尔根山之间不是断层接触，三叠系沉积期不属于压陷盆地阶段。

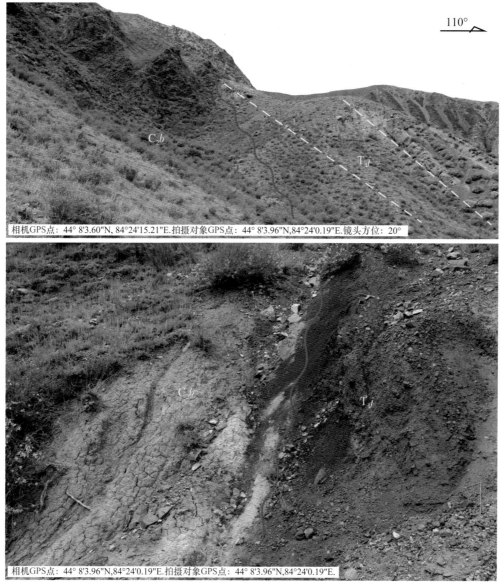

图3-24　石炭系与三叠系间不整合近景

不整合面之下的石炭系巴音沟组主要岩性为凝灰岩、凝灰质砂岩及粉砂岩，其内部受到了火山岩体的侵入，侵入岩体主要为角闪花岗岩。图3-25中可观察到花岗岩体与原岩之间的侵入边界。

在花岗岩体中可观察到"捕虏体"（图3-26），这种"捕虏体"是岩浆在侵入过程中捕获的围岩，少时岩石未被融化而残留下来就形成了"捕虏体"。

图3-27中可观察到三叠系与侏罗系之间的不整合接触，不整合面之上是侏罗系八道湾组，主要岩性为灰白色砂岩、砾岩夹灰黑色泥岩及煤层，不整合面之下为三叠系小泉沟群，其岩性为灰色泥岩与浅灰绿色砂岩、粉砂岩互层夹薄煤层。图3-28中可观察到暗红色的风化黏土层及八道湾组底部的底砾岩，也可观察到两套地层之间具有一定的夹角，均表明了两套地层之间呈角度不整合接触关系。

图 3-25　石炭系巴音沟组花岗岩侵入边界

图 3-26　石炭系巴音沟组花岗岩及其内部捕虏体

图 3-27　三叠系与侏罗系间不整合

图 3-28 三叠系与侏罗系间不整合近景

二、吉尔格勒背斜西高点

在图 3-1 中四棵树河路线观察点②处向西东可观察到吉尔格勒—沙里克台（以下简称为吉尔格勒背斜西高点）西高点（图 3-29），该背斜核部出露三叠系郝家沟组，向两翼依次出露侏罗系八道湾组为一个南翼陡、北翼缓的不对称背斜。

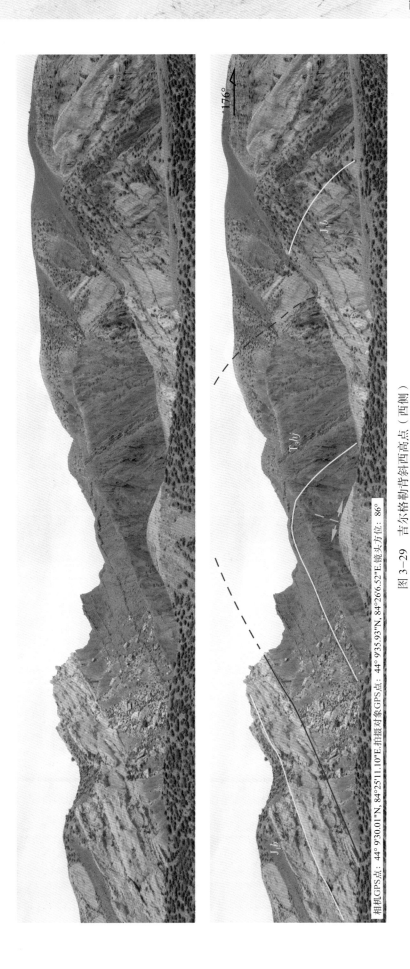

相机GPS点：44°9′30.01″N，84°25′11.10″E.拍摄对象GPS点：44°9′35.93″N，84°26′6.52″E.镜头方位：86°

图 3-29　吉尔格勒背斜西高点（西侧）

在观察点②南侧可观察吉尔格勒背斜西高点及向斜（图3-30），此背斜核部出露八道湾组，向斜核部为西山窑组，两翼为三工河组，向斜两翼产状分别为4°∠40°及194°∠50°（图3-31），为南翼缓北翼陡的不对称向斜。背斜与向斜之间发育一条高角度逆断裂，导致背斜逆冲于向斜之上。

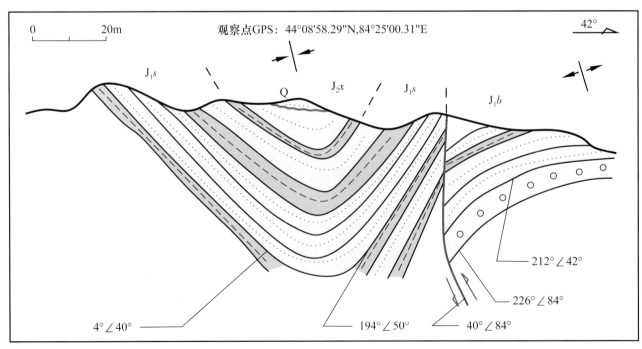

图3-30　吉尔格勒背斜西高点及向斜素描图

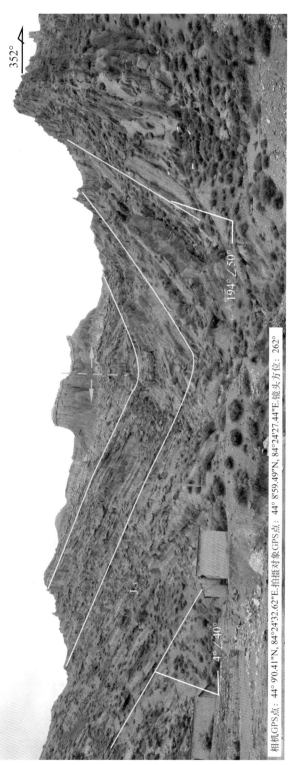

相机GPS点：44° 9′0.41″N，84°24′32.62″E.拍摄对象GPS点：44° 8′59.49″N，84°24′27.44″E.镜头方位：262°

图3-31　四棵树—沙里克向斜

图 3-32 是吉尔格勒背斜西高点及四棵树—沙里克台向斜之间的四棵树断裂近景照片，该断裂产状为 40°∠84°，其上盘出露八道湾组，其产状为 212°∠42°，下盘出露西山窑组，其产状为 194°∠50°。

相机GPS点：44° 9'3.46"N, 84°24'33.54"E拍摄对象GPS点：44° 9'4.78"N, 84°24'32.16"E.镜头方位：330°

图 3-32　四棵树南断裂

断裂带内部可观察到断裂泥及断裂角砾，反映挤压构造应力造成断裂带内岩石的破碎，部分被磨碎岩石在黏土矿化作用下形成断裂泥；部分未被完全磨碎岩石残留下来形成角砾，在碎屑物质胶结下形成断裂角砾岩。照片中空隙是断裂出露地表后，断裂带内部岩石在水流冲击下掉落后形成的空隙。

图 3-33 是沿吉尔格勒背斜西高点轴线方向向东行进后向西观察到的背斜构造特征。在此处吉尔格勒背斜西高点转折端受到四棵树断裂切割，并未完整出露，表现为一个断背斜。该断裂向北倾斜，其上盘出露三叠系郝家沟组，其产状为 342°∠48°，下盘出露西山窑组，其产状为 160°∠40°。

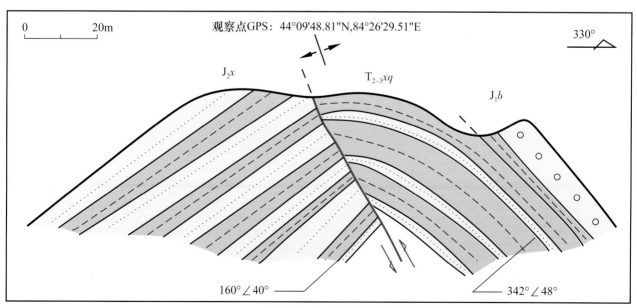

图 3-33　吉尔格勒背斜西高（路西）

图 3-34 是在同一观察点向东观察到的吉尔格勒背斜西高点，该背斜转折端被四棵树断裂切割，断裂上盘出露八道湾组，地层产状为 340°∠50°，下盘出露头屯河组，地层产状为 150°∠60°，根据两盘地层岩性及颜色可判断断裂发育位置。

相机GPS点：44° 9'41.40"N，84°26'25.73"E.拍摄对象GPS点：44° 9'43.94"N，84°26'44.10"E.镜头方位：80°

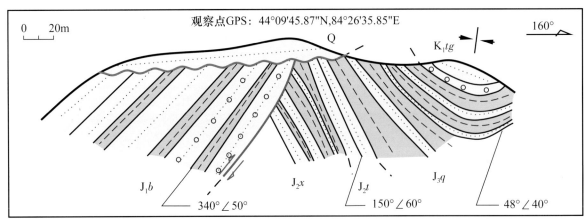

图 3-34 吉尔格勒背斜西高点（路东）

沙里克台向斜北侧与吉尔格勒背斜西高点相接，其核部出露白垩系清水河组，向两翼依次出露齐古组及头屯河组（图 3-35）。清水河组是一套灰绿色含砾砂岩，齐古组出露暗红色泥岩夹砂岩，头屯河组则是一套条带状砂泥岩互层。

相机GPS点：44°9′37.69″N，84°26′33.69″E，拍摄对象GPS点：44°9′39.54″N，84°26′51.01″E，镜头方位：84°

图3-35　沙里克台北向斜

三、小煤窑沟背斜及向斜

图 3-1 中四棵树河路线观察点③处观察到小煤窑沟背斜,该背斜核部出露八道湾组,向两翼依次出露三工河组及西山窑组(图 3-36),背斜南翼地层产状为 178°∠44°,背斜南翼地层产状为 344°∠42°,两翼地层倾角近乎相同,为对称的中常背斜。

相机GPS点:44°10'31.29"N,84°25'17.54"E.拍摄对象GPS点:44°10'30.86"N,84°25'11.97"E.镜头方位:272°

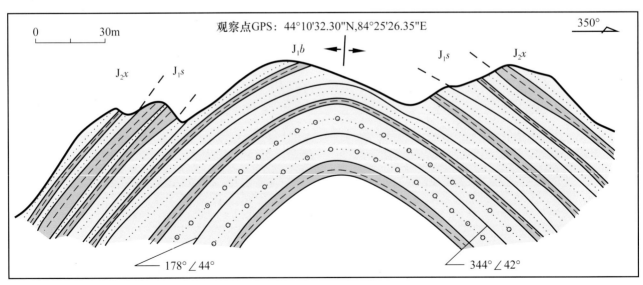

图 3-36 小煤窑沟背斜

在小煤窑沟背斜南侧观察到小煤窑沟向斜，两者组成一个完整的褶皱（图 3-37），向斜核部出露三工河组，其岩性为一套灰白色砂岩夹灰黑色泥页岩，两翼的八道湾组则以灰白色砂砾岩为主，两者之间主要依靠岩性差异判断其分界位置。

相机GPS点：44°10'22.77"N, 84°25'19.80"E.拍摄对象GPS点：44°10'21.27"N, 84°25'14.38"E.镜头方位：250°

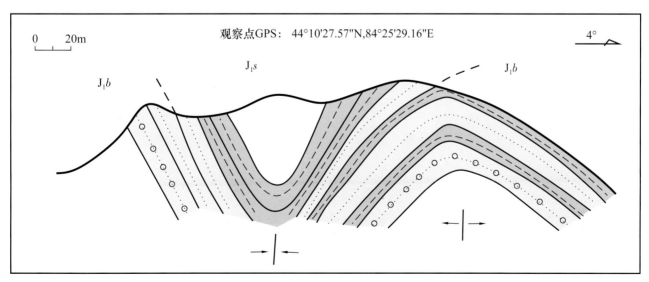

观察点GPS：44°10'27.57"N,84°25'29.16"E

图 3-37 小煤窑沟向斜

四、三叠系与石炭系间走滑断裂

在图 3-1 中四棵树河路线观察点④处发现三叠系与石炭系间发育一条走滑断裂（图 3-38），该断裂走向为北北东—南南西向，其西盘出露石炭系巴音沟组，东盘出露三叠系小泉沟群，为右旋走滑断裂。

图 3-38　三叠系与石炭系间走滑断裂

五、侏罗系与石炭系接触关系

图 3-1 中四棵树河路线观察点⑤处观察到侏罗系八道湾组与石炭系巴音沟组之间的接触关系,由于地层覆盖严重,未找到明显的接触面,因此无法判断其是断裂还是不整合接触(图 3-39)。

相机GPS点:44° 8'29.13"N, 84°20'42.80"E.拍摄对象GPS点:44° 8'30.20"N, 84°20'52.44"E.镜头方位:84°

图 3-39　侏罗系与石炭系接触关系

六、南马东刹拉背斜

南马东刹拉背斜位于图 3-1 中察哈乌松路线观察点⑥处,背斜核部出露八道湾组,两翼出露三工河组(图 3-40)。其中八道湾组出露的地层主要是烧变岩夹煤层,两翼产状分别为 182°∠22° 及 28°∠48°,为北翼陡南翼缓的不对称褶皱。

七、察哈乌松南背斜及向斜

察哈乌松南背斜及向斜位于图 3-1 中察哈乌松路线观察点⑦处,该褶皱发育于侏罗系西山窑组内部,为轴面南倾的斜歪褶皱(图 3-41)。向斜与背斜之间发育一条逆断裂,断裂向南倾斜,其上盘地层主要为灰白色砂岩夹黑色泥岩,下盘主要出露烧变岩。

察哈乌松向斜与背斜之间发育的逆断裂上盘地层产状为 190°∠80°,主要岩性为灰白色砂岩夹黑色泥岩,下盘主要出露烧变岩,地层产状为 210°∠70°(图 3-42),靠近断裂的地层产状受到断裂活动的影响而变陡。其中烧变岩是受到煤层自燃烘烤而形成的岩石,根据两盘地层颜色差异可判断断裂发育位置。

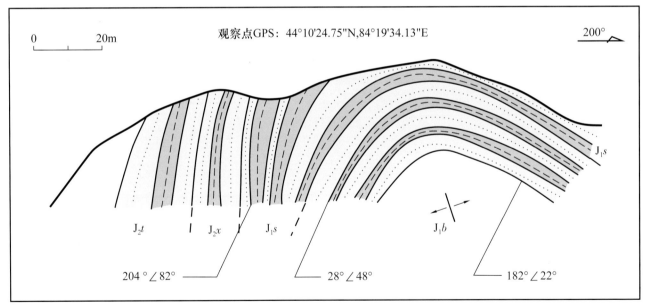

观察点GPS：44°10'24.75"N,84°19'34.13"E

图 3-40　南马东剎拉背斜

八、察哈乌松背斜及向斜

在图 3-1 中察哈乌松路线观察点⑧处向东观察到察哈乌松背斜，图 3-43 是该背斜的远景照片，其核部出露八道湾组，向两翼依次出露三工河组及西山窑组，根据地层颜色及岩性可划分地层分界位置。

相机GPS点：44°10'24.06"N，84°20'5.46"E.拍摄对象GPS点：44°10'22.66"N，84°19'53.75"E.镜头方位：240°

图 3-41　察哈乌松南背斜及向斜

相机GPS点：44°10'24.06"N，84°20'5.46"E.拍摄对象GPS点：44°10'22.66"N，84°19'53.75"E.镜头方位：240°

图 3-42　察哈乌松南背斜及向斜间断裂

153

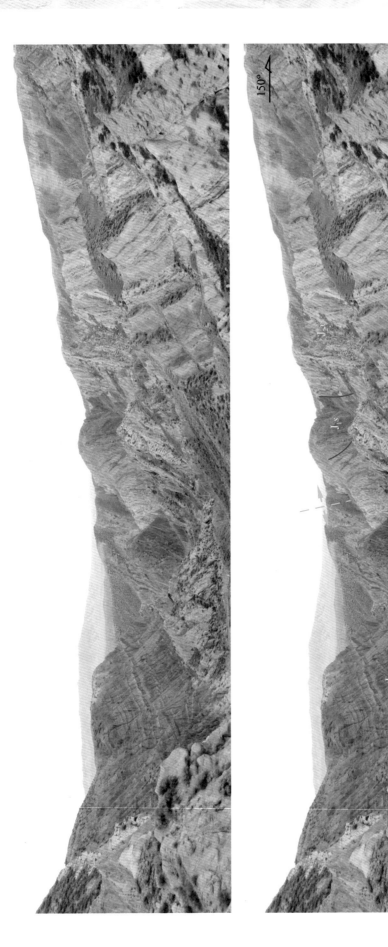

相机GPS点：44°10′51.25″N, 84°20′13.38″E.拍摄对象GPS点：44°10′55.98″N, 84°20′28.83″E.镜头方位：60°

图3-43 察哈乌松背斜远景

图3-44中展示了察哈乌松背斜核部，此处可观察到较完整的背斜形态。图3-45中是在另一处观察到的察哈乌松背斜转折端，其南翼产状为350°∠84°，北翼产状为200°∠42°，为南翼缓北翼陡的不对称褶皱。

相机GPS点：44°10'54.02"N，84°20'23.98"E.拍摄对象GPS点：44°10'55.98"N，84°20'28.83"E.镜头方位：50°

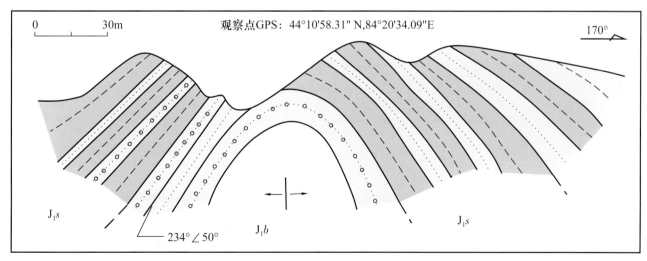

图3-44　察哈乌松南背斜核部

图3-46是沿察哈乌松背斜轴线向西行进后观察到的背斜转折端，此处转折端相对之前的尖棱状转折端更为宽缓。在图3-44、图3-45、图3-46三个不同位置观察到的背斜形态各不相同，其原因是褶皱为三维地质体，在不同方向的截面上往往表现出不同的构造特征。

相机GPS点：44°10'54.54"N, 84°20'38.91"E.拍摄对象GPS点：44°10'55.12"N, 84°20'44.42"E.镜头方位：70°

相机GPS点：44°10'54.54"N, 84°20'38.91"E.拍摄对象GPS点：44°10'55.12"N, 84°20'44.42"E.镜头方位：70°

图 3-45　察哈乌松南背斜转折端

相机GPS点：44°10'53.36"N, 84°20'17.20"E.拍摄对象GPS点：44°10'53.51"N, 84°20'12.13"E.镜头方位：275°

图 3-46　察哈乌松南背斜宽缓转折端

图 3-47 中展示了察哈乌松向斜的构造特征，该向斜核部发育齐古组，向两翼依次出露头屯河组及西山窑组。向斜转折端地层产状为 125°∠30°，该向斜在此处向南东方向倾伏。

图 3-47 察哈乌松向斜转折端

图 3-48 是在察哈乌松背斜北翼观察到的小型逆断裂，该断裂发育在西山窑组内部，断裂向北倾斜，断裂产状为 184°∠64°，根据两盘不同产状地层的相互对置可判断发育位置。

图 3-48　察哈乌松背斜北翼小断裂

九、小结

四棵树河路线分为四棵树河及察哈乌松两段，其典型构造为石炭系与三叠系之间不整合、吉尔格勒背斜西高点、小煤窑沟背斜及向斜、南马东刹拉背斜、察哈乌松背斜及向斜，察哈乌松南背斜及向斜、四棵树河断裂等（图 3-49），其中南马东刹拉背斜为北翼陡，南翼缓的斜歪褶皱，察哈乌松南背斜表现为北翼地层反转的倒转背斜，与察哈乌松南向斜之间发育一条调节性逆冲断裂。

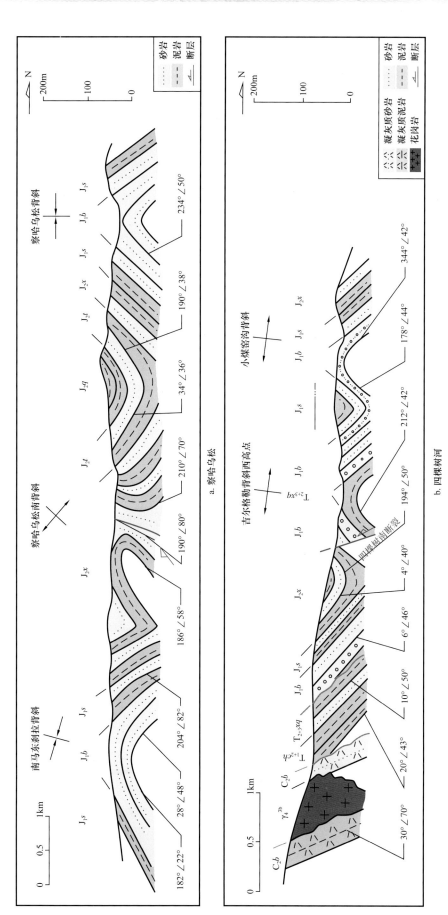

图 3-49　四棵树河路线构造剖面图

以野外观察到的典型露头的解译为基础，对邻近四棵树河路线的地震剖面 TS200503+AN200210+
NY200210+GQ2012（图 3-50）及剖面 TS200503（图 3-51）进行解译，图中 a 为石炭系与三叠系间
不整合，b 为吉尔格勒背斜西高点及向斜，在野外露头及地震剖面中均可观察到，在地震剖面的解译过
程中可结合野外露头以使得解译结果更为准确。

相机GPS点：44°8'3.60"N, 84°24'15.21"E.拍摄对象GPS点：44°8'3.96"N,84°24'0.19"E.镜头方位：20°

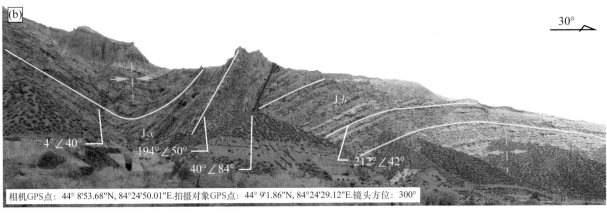

相机GPS点：44°8'53.68"N, 84°24'50.01"E.拍摄对象GPS点：44°9'1.86"N, 84°24'29.12"E.镜头方位：300°

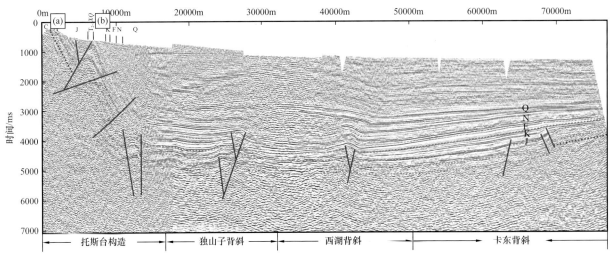

图 3-50 四棵树河长路线构造模式

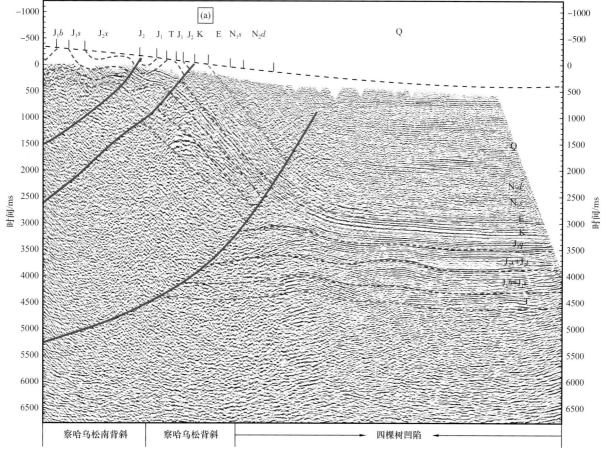

图 3-51　察哈乌松路线构造模式

通过野外地质调查及地震剖面的解译，认为该剖面受自南向北的挤压应力作用影响，形成了断裂及褶皱组成的山前断褶带，局部可见北倾的反冲断裂，独山子背斜在野外露头及地震剖面中均表现为北翼陡南翼缓的不对称背斜，其北翼出露一条逆断裂，判断其为断裂传播褶皱。

|第四章| 构造特征与形成演化

为揭示准噶尔盆地南缘中西段构造变形的动力学机制和形成机理，本文在野外地质详查及地震剖面解译的基础上，明确研究区构造样式及发育规律，并分别针对东部、中部及西部的三条地震剖面进行构造演化过程分析，研究其形成演化过程，并综合前文的研究成果，采用南京南大易派科技有限公司生产全自动构造地质物理模拟实验系统（图4-1），选取特定的实验材料，分别针对东部及中西部进行了物理模拟。通过比例化的物理模拟及对其结果定量分析，揭示准噶尔盆地南缘中西段的构造变形机理。

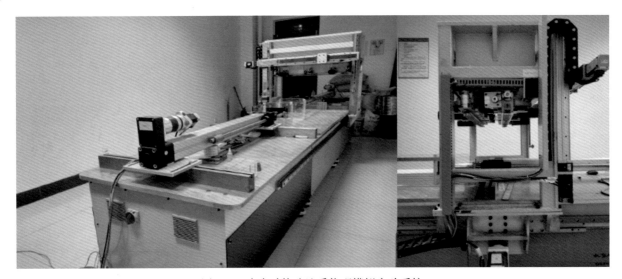

图4-1　全自动构造地质物理模拟实验系统

第一节　南缘中西段构造样式及发育规律

受北天山隆升影响，南缘中西段发育三排构造带，其中第一排构造带自东向西包括喀拉扎背斜、昌吉背斜、齐古背斜、清水河鼻状构造、南玛纳斯背斜、南安集海背斜及托斯台构造；第二排构造带主要包括霍尔果斯背斜、玛纳斯背斜及安集海背斜；第三排构造带主要包括呼图壁背斜、安集海背斜及独山子背斜。其中褶皱、断裂的类型及构造样式差异较大，同时褶皱及断裂之间具有成因上的联系，导致其发育规律复杂，因此在精细的野外地质调查及地震剖面解释的基础上，还需对南缘中西段构造样式及发育规律进行系统梳理，为明确其形成机理提供支撑。

一、断裂构造样式及类型

南缘中西段发育大量断裂，正断裂和逆断裂均有发育，以逆冲断裂为主，但区域性断裂只有霍—玛—吐断裂及石炭系与侏罗系之间的分界断裂，其余断裂都只是在局部出露的小型断裂。

背冲构造由两条倾向相背的逆冲断裂组合而成，其公共上盘断块向上抬升，在头屯河路线及南阿尔钦沟路线可观察到。走滑断裂是两盘顺断面走向相对运动的断裂，压扭则是断裂同时具有走滑和逆冲性质，在东托斯台 1 号背斜北东翼可观察到右旋压扭走滑断裂。叠瓦式逆断裂由产状大致相同呈平行展布的逆冲断裂组合而成，上盘断块依次逆冲叠覆，侏罗纪末期形成的断裂多呈叠瓦状发育。坡坪式断裂是铲式正断裂演化的最终阶段，是一种凹面向上，在某一段呈直线的正断裂，发育在北阿尔钦沟背斜北翼。"Y"字形断裂由两条倾向相同呈"Y"字形相接的逆断裂组合而成，上盘断块依次抬升，察哈乌松—将军庙断裂及其分支共同组成为典型的"Y"字形断裂。层间滑动断裂是岩层在褶皱变形过程中，上下岩层之间发生的相对滑动，在北阿尔钦沟背斜北翼可观察到（表 4-1）。

表 4-1　断裂构造样式表

名称	剖面	构造样式	描述	发育位置
背冲构造			由两条倾向相背的逆冲断层组合而成，其公共上盘断块向上抬升	头屯河剖面齐古组内部小型断裂
右旋压扭走滑断层			走滑断层是两盘顺断面走向相对运动的断层，压扭则是断层同时具有走滑和逆冲性质	东托斯台 1 号背斜北东翼
叠瓦式逆断层			由产状大致相同呈平行展布的逆冲断层组合而成，上盘断块依次逆冲叠覆	燕山期形成的早期断裂
坡坪式正断层			是铲式正断层演化的最终阶段，是一种凹面向上，在某一段呈直线的正断层	北阿尔钦沟背斜北翼
"Y"字形断层			由两条倾向相同呈"Y"字形相接的逆断层组合而成，上盘断块依次抬升	察哈乌松—将军庙断层及其分支
层间滑动断层			岩层在褶皱变形过程中，上下岩层之间发生的相对滑动	北阿尔钦沟背斜北翼

二、褶皱构造样式及类型

南缘中西段发育大量褶皱，这些褶皱的构造样式主要有直立褶皱、斜歪褶皱、倒转褶皱、断裂传播褶皱、牵引褶皱、层间褶皱等（表 4-2）。

直立褶皱褶皱轴面近直立，两翼倾向相反，倾角相等。安集海背斜、小煤窑沟背斜等主要为直立褶皱。斜歪褶皱褶皱轴面倾斜，两翼倾向相反，倾角不等，吉尔格勒背斜西高点、察哈乌松背斜等皆为斜歪褶皱。倒转褶皱褶皱轴面倾斜，两翼倾向相同，倾角不等。第二排构造带中的霍尔果斯背斜、玛纳斯背斜及吐谷鲁背斜均为倒转褶皱。

表 4-2　褶皱构造样式表

名称	剖面	构造样式	描述	发育位置
直立褶皱			褶皱轴面近直立，两翼倾向相反，倾角相等	安集海背斜、小煤窑沟背斜等
斜歪褶皱			褶皱轴面倾斜，两翼倾向相反，倾角不等	吉—沙背斜西高点、察哈乌松背斜等
倒转褶皱			褶皱轴面倾斜，两翼倾向相等，倾角不等	霍—玛—吐背斜、察哈乌松南背斜等
断层传播褶皱			逆冲断层由深部层位向浅部层位传播时，由于应力的减弱，在其前锋断层端点处形成	霍—玛—吐背斜、独山子背斜等
牵引褶皱			断层两盘，相对错动对岩层拖曳造成明显弧形弯曲	玛纳斯剖面霍玛吐断层上盘
层间褶皱			在坚硬层的相对滑动下，形成不对称的层间小褶皱	喀拉扎背斜南翼西山窑组内部等

　　断裂传播褶皱是指由于断裂产状的改变，逆冲断裂由深部层位向浅部层位扩展时，由于应力的减弱，断裂变形被褶皱变形所取代，在其前锋断裂端点处形成断裂传播褶皱。霍—玛—吐背斜及独山子背斜均属于断裂传播褶皱。牵引褶皱断裂两盘紧邻断裂的岩层，常发生明显弧形弯曲，这种弯曲叫作牵引褶皱。一般认为这是两盘相对错动对岩层拖曳的结果，并且以褶皱的弧形弯曲的突出方向指示本盘的运动方向。发育在许多断裂的上下盘。层间褶皱是在坚硬层的相对滑动下，于层间形成的不对称小褶皱，其轴面与上下岩层面所夹锐角指示相邻岩层的滑动方向，在喀拉扎背斜南翼西山窑组内部等处可观察到。

三、山前构造发育规律

　　南缘中西段发育大量北翼陡南翼缓的不对称褶皱，这些褶皱北翼往往与断裂相邻，其发育明显与断裂发育具有成因联系。根据断裂相关褶皱理论，断裂传播褶皱是在断裂端点处的褶皱，褶皱作用吸收了滑动量。它的基本特点是：形态不对称，前翼陡、窄，后翼宽、缓；向斜"固定"在断裂端点处；随深度加大褶皱越来越紧闭；背斜轴面的分叉点与断裂端点在同一地层面上；背斜轴面在断面上的终止点和断裂转折点之间的距离即是断裂的倾向滑动量；断裂滑动量向上减小（何登发等，2015）。

　　在南缘中西段的地震剖面中可观察到许多褶皱符合断裂传播褶皱的特征。随着断裂传播褶皱不断活动，其前端倾角可能变陡并穿透向斜或背斜，在野外露头中的断裂与褶皱的组合关系与断裂传播褶皱发展到晚期阶段的特征相符（图 4-2）。

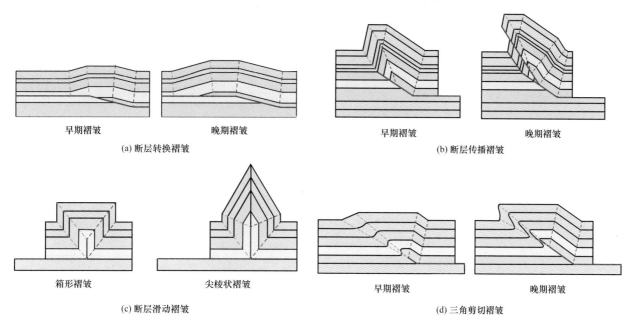

图 4-2　断裂相关褶皱构造样式（Shaw J H 等，2005；Butler R W H 等，2018）

与断裂相关褶皱相对，一些断裂是在褶皱作用的影响下发育的。在脆性的岩层中发生褶皱时，在外凸部分常形成垂直于层面呈扇形或阶梯状排列的小型正断裂，内凹部分有时会由于挤压而形成逆断裂。

总体上，南缘中西段褶皱构造最为发育，其中霍—玛—吐构造带表现为由断裂控制的断裂传播褶皱，其余构造中多以褶皱构造为主，断裂多为调节型断裂。

第二节　典型构造形成演化

南缘山前三排构造带主要经历了燕山期和喜马拉雅期两期构造运动，尤其是喜马拉雅期的强烈挤压作用，控制了研究区的现今构造样式。分别针对南缘头屯河剖面、吐谷鲁剖面及霍尔果斯剖面，选择对应路线的三条地震剖面进行构造解译，通过井震结合与时深转换，进行构造演化过程分析，绘制包括白垩系沉积前、古近系沉积前、新近系沉积前、第四系沉积前的剖面构造特征，以揭示南缘中西段的构造演化过程。

一、南缘头屯河剖面构造演化

古生代石炭系为研究区基底，沉积基底稳定，升降运动比较缓慢，存在先存的古隆起构造，导致之后沉积的二叠系顺势披覆在先前形成的石炭系古隆起之上，之后在准噶尔盆地南缘沉积了三叠系，披覆在先前形成的石炭系和二叠系古隆起之上。由于后峡盆地早期处于古隆起状态，缺少有利的沉积地形条件，从而缺少晚古生代二叠系和早中生界三叠系。直至八道湾组（J_1b）、二工河组（J_1s）和西山窑组（J_2x）沉积时期开始发生水进过程，盆地范围广阔，水体浅而宽，不断接受沉积，后峡盆地与南缘中段头屯河地区沉积了同一套地层，两者相连成为一个统一的沉积盆地。由于该时期处于伸展环境，受区域差异升降运动的影响，古生界隆升成中高山系，中生界则赋存在相对下降的低洼处，区域剧烈的构造运动，使后峡盆地边缘发育控制盆地沉积的边界伸展断裂，致使后峡盆地古地形坡度陡峭，湖面宽窄不一，沉积地层南深北浅，且沉积区域距南部山前物源区较近，湖盆大量沉积碎屑物向湖盆填充，湖盆沉积大体为一个水进过程。此时南缘在伸展环境下也发育了小型的高角度正断裂，控制着侏罗系的沉积（图 4-3）。

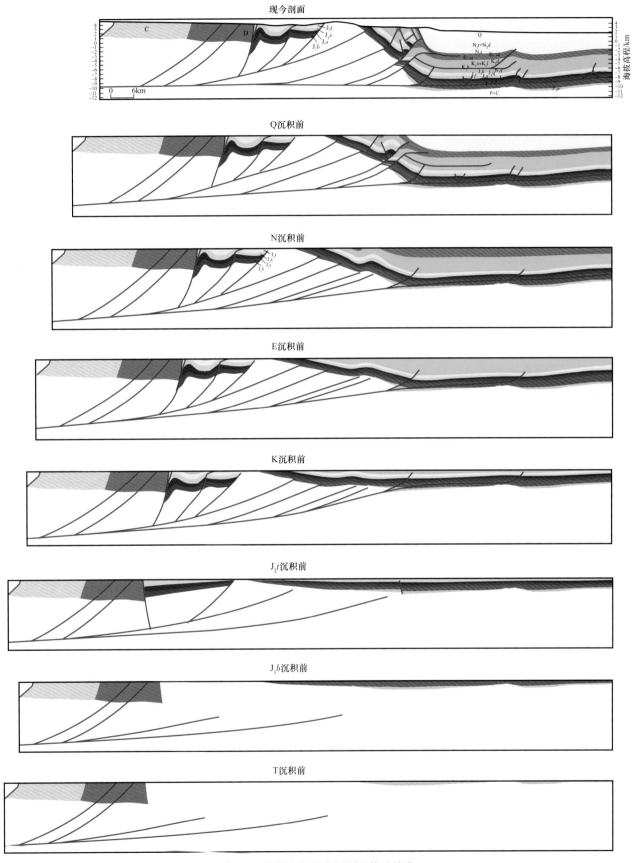

图4-3 南缘中段头屯河剖面构造演化

头屯河组（J_2t）、齐古组（J_3q）、喀拉扎组（J_3k）沉积时期，湖盆已开始大面积缩小变窄，物源区的汇水面积减小，经过长时间的剥蚀夷平和充填作用，洪泛平原形成，之后研究区经历了强烈的构造—热事件作用，使侏罗系发生了强烈的构造变形，后峡盆地先前形成的高角度边界伸展断裂在挤压构造应力作用下发生构造反转，在后峡盆地中央形成新的逆冲推覆断裂，地层发生相应的褶皱变形，伴随着地壳快速抬升、冷却剥蚀事件，喀拉扎组（J_3k）风化剥蚀严重，与南缘中段头屯河地区的同时期沉积地层发生间断，部分地层分割开来。

此时南缘中段头屯河地区在强烈的挤压应力背景下地层发生褶皱弯曲，第一排背斜（昌吉背斜）形成，伴随着地壳的抬升，致使昌吉背斜顶部的喀拉扎组（J_3k）剥蚀殆尽露出齐古组（J_3q）。先前形成的基底断裂在此次应力背景作用下，发生逆冲复活，切穿侏罗系，断裂前缘延伸至先前的石炭系古隆起之上发生弯曲终止；早侏罗世伸展作用形成的小型高角度正断裂也在挤压应力作用下发生构造反转，并延伸至逆冲复活的逆冲断裂之上；此时期发育的基底卷入式逆冲断裂呈高角度逆冲，剖面上构成逆冲叠瓦状构造。石炭系基底呈明显的三角楔形由南向北挤压逆冲，使南缘沉积的地层发生明显的掀斜，超覆在石炭系基底之上。之后的白垩纪构造应力相对稳定，南缘地层稳定沉积，继承了晚侏罗世的构造面貌，后峡地区保持了晚侏罗世的隆升状态未接受新沉积；南缘中段头屯河地区沉积了厚层的白垩系。

早新生代时期，由于印度次大陆与欧亚大陆南缘的碰撞作用，北天山再次隆升，后峡与北天山准噶尔盆地南缘的分水岭不断向北迁移，古近系沉积时期，后峡盆地基本保持了侏罗纪末期的形态，但褶皱构造更加紧闭，逆冲断裂幅度变小，地层剥蚀不断加剧。南缘地层褶皱构造更加紧闭，依旧伴随着强烈的剥蚀作用，随着挤压的进行，基底逆冲推覆断裂（最大的断裂）倾角逐渐变缓，其分支的基底卷入式逆冲断裂倾角则变陡，构造三角楔的形态和地层发生的掀斜超覆更加明显。

新近系沉积时期，特别是上新世（N末期），是准南前陆盆地构造活动最活跃的时期，受喜马拉雅运动末期造山运动的影响，北天山大幅度逆冲隆升，使天山山前进入再生前陆盆地的发展阶段，由于南部挤压应力场的影响，边界断裂活动剧烈，强烈的构造应力促使基底构造三角楔不断向前推进，使昌吉背斜幅度加强，形态不断紧闭，为了调节挤压过程中遇到的反冲阻力，反向逆冲断裂在褶皱内部大量发育，吸收了大量的挤压活动量，表皮构造的完整性被破坏，表现为明显的挤压推覆特征。此时期深部的基底卷入式断裂突破侏罗系，在白垩系吐谷鲁群中发生滑脱冲断，基底逆冲推覆断裂不断向前传播，第三排褶皱（呼图壁背斜）的雏形也逐渐形成。

到了晚新生代（更新世—全新世），喜马拉雅运动晚期，再生前陆盆地发育剧烈，由于巨大的挤压应力影响，天山快速隆升，后峡与南缘中段头屯河地区受前陆冲断推覆构造和地壳抬升剥蚀的影响，逐渐出露古生代石炭系，石炭系山体进一步向北扩展，将后峡盆地与准噶尔盆地南缘分隔，形成了现今看到的后峡残留山间盆地。南缘中段头屯河地区的第一排褶皱（昌吉背斜）运动强烈，地层缩短幅度增大，地层变陡，反冲断裂大量发育，改造了第一排褶皱（昌吉背斜），在白垩系吐谷鲁群中发育的滑脱断裂继续向前滑动，形成断裂转折褶皱，第三排褶皱（呼图壁背斜）形成明显的轮廓，基底逆冲推覆断裂在前缘发育小型分支断裂。基底卷入式逆冲断裂产状更加陡倾，构造三角楔的形态和地层发生的掀斜超覆更加明显。

二、南缘吐谷鲁剖面构造演化

三叠纪，南缘中段在古生代石炭系和二叠系之上沉积了三叠系，由于南部的石炭系基底处于古隆起状态，之上为三叠系超覆沉积，南缘南部沉积的地层比北部盆地内部地层要薄（图4-4）。

早侏罗世（J_1），南缘中西段中段地区处于伸展环境，受区域差异升降运动的影响，古生界隆升成中高山系，中生界则赋存在相对下降的低洼处，伸展应力作用下，使南缘发育控制早侏罗世（J_1）沉积的小型高角度伸展断裂，此时南缘南部古地形坡度依然陡峭，湖面宽窄不一，沉积地层南深北浅。

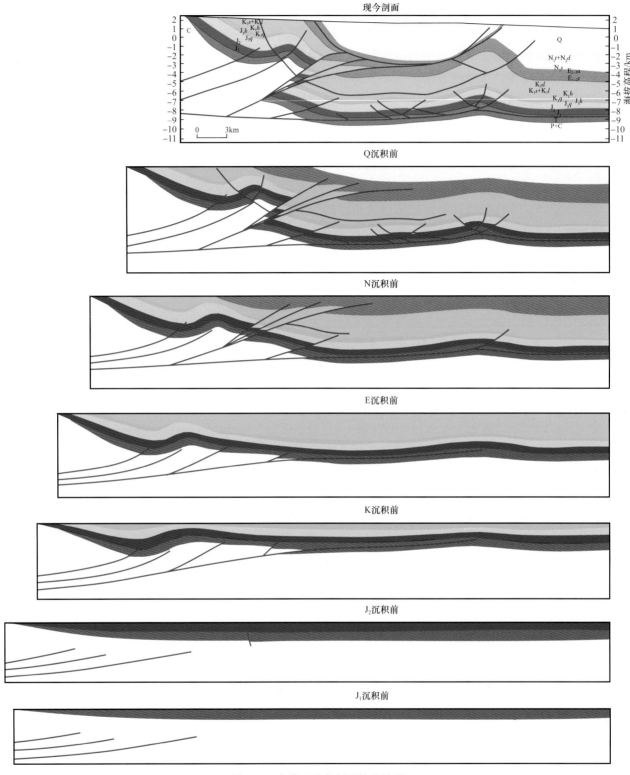

现今剖面

Q沉积前

N沉积前

E沉积前

K沉积前

J_2沉积前

J_1沉积前

图4-4　南缘吐谷鲁剖面构造演化

　　头屯河组（J_2t）、齐古组（J_3q）、喀拉扎组（J_3k）沉积时期，湖盆已开始大面积缩小变窄，物源区的汇水面积减小，经过长时间的剥蚀夷平和充填作用，洪泛平原形成，之后研究区经历了强烈的构造挤压作用，使侏罗系发生了强烈的褶皱变形，形成第一排褶皱（齐古背斜）；南缘地区先前形成的控制早侏罗世（J_1）沉积的小型高角度伸展断裂在挤压构造应力作用下发生构造反转，与此同时先存的基底逆冲推覆断裂不断向前传播，与反转构造交汇，基底卷入式逆冲断裂也开始发育，剖面上构成逆冲叠瓦状构造。基底逆冲推覆断裂传播到前缘形成微弱变形的断裂传播褶皱，形成第二排褶皱的雏形。伴随着地壳快速抬升、冷却剥蚀事件，喀拉扎组（J_3k）风化剥蚀严重，特别是第一排褶皱（齐古背斜）顶部风化剥蚀严重致使背斜顶部的喀拉扎组（J_3k）剥蚀殆尽露出齐古组（J_3q）。石炭系基底呈明显的三角楔形由南向北挤压逆冲，使南缘沉积的地层发生明显的掀斜，超覆在石炭系基底之上。

之后的白垩纪构造应力相对稳定，南缘地层稳定沉积，继承了晚侏罗世的构造面貌，沉积了厚层的白垩系。

早新生代时期，由于印度板块向欧亚板块俯冲的远程效应，天山开始复活隆升，古近系沉积时期，南缘中西段中段在强烈的挤压应力作用下褶皱构造幅度不断增大，伴随着地壳的隆升，地层剥蚀不断加剧。随着挤压的进行，基底逆冲推覆断裂（最大的断裂）不断向北逆冲，在第二排褶皱顶部发育分支断裂，断裂传播使第二排褶皱变得更加明显；基底逆冲推覆断裂（最大的断裂）在向北传播过程中倾角逐渐变缓，其分支的基底卷入式逆冲断裂不断发育新的分支断裂，切穿侏罗系、白垩系到达古近系。基底卷入式逆冲断裂发育的分支断裂在白垩系中发生短距离滑动，形成滑脱断裂。基底构造三角楔的形态和地层发生掀斜超覆在此时期形态更加明显。

新近系沉积时期，受喜马拉雅运动末期造山运动的影响，南缘中西段整体处于相似的应力背景中。逆冲断裂在构造楔前端转为北倾的反向断裂，反向断裂沿白垩系泥岩层向南逆冲，断裂上盘中生界发生弯曲，在构造楔前端形成第一排膝折带。山前发育第二个构造楔，位于第一个构造楔下伏，形成叠加型构造楔，构造三角楔呈"羊蹄状"延伸。第二个构造楔将早期构造楔抬升，形成第二排膝折带，膝折带下伏反向断裂沿白垩系泥岩层向南逆冲，与第一排膝折带下伏反向断裂会合。第二个构造楔底部的基底逆冲推覆断裂沿三叠系向盆地传播，引发盆地褶皱变形，使吐谷鲁背斜褶皱更加明显。

强烈的推挤使第一排背斜（齐古背斜）幅度加强，形态不断紧闭，为了调节挤压过程中遇到的反冲阻力，反向逆冲断裂在褶皱内部大量发育，吸收了大量的挤压活动量，表皮构造的完整性被破坏，表现为明显的挤压推覆特征。此时期深部的基底卷入式断裂的分支断裂，在白垩系吐谷鲁群中发生长距离滑脱冲断，基底逆冲推覆断裂在向前传播过程中，为了调节挤压过程中遇到的反冲阻力，反向逆冲断裂不断发育，第二排褶皱（吐谷鲁背斜）明显隆升，核部被基底逆冲推覆断裂发育的分支断裂所切割改造。

到了晚新生代（更新世—全新世），喜马拉雅运动晚期，再生前陆盆地发育剧烈，由于巨大的挤压应力影响，天山快速隆升，石炭系山体进一步向北扩展，南缘地区受强烈的前陆冲断推覆和地壳抬升剥蚀的影响，南缘地区的第一排背斜（齐古背斜）变形强烈，地层缩短幅度增大，地层变陡，发生强烈的掀斜，反冲断裂大量发育，改造了第一排背斜（齐古背斜），在白垩系吐谷鲁群中发育的滑脱断裂继续向前滑动，形成断裂转折褶皱，在第二排褶皱（吐谷鲁背斜）顶部发育反冲断裂，基底卷入式逆冲断裂（霍—玛—吐逆冲断裂）在强烈的挤推作用下产状变缓，切过第二个构造楔，与古近系安集海河组发育的滑脱断裂交会在一起，沿着第二排背斜（吐谷鲁背斜）顶部向盆地延伸冲出地表；断裂切过的第二个构造楔，分为两半，构造楔下半部分位于断裂下盘，上半部分沿断裂向北逆冲抬升。强烈的挤推作用使滑脱断裂在剖面上呈明显的弧形，剖面上与基底逆冲推覆断裂构成三层明显的断裂组合，表现出双重构造样式，改造着三叠系以来的地层。构造三角楔的形态在新近系沉积时期的基础上变得更加陡倾，地层发生的掀斜超覆也更加明显。

三、南缘霍尔果斯剖面构造演化

古生代晚期，南缘在古生代石炭系和二叠系之上沉积了三叠系，由于南部的石炭系基底发育的先存逆冲断裂已经冲出地表，控制了三叠系边界的沉积，使三叠系与基底石炭系呈断裂接触关系（图4-5）。

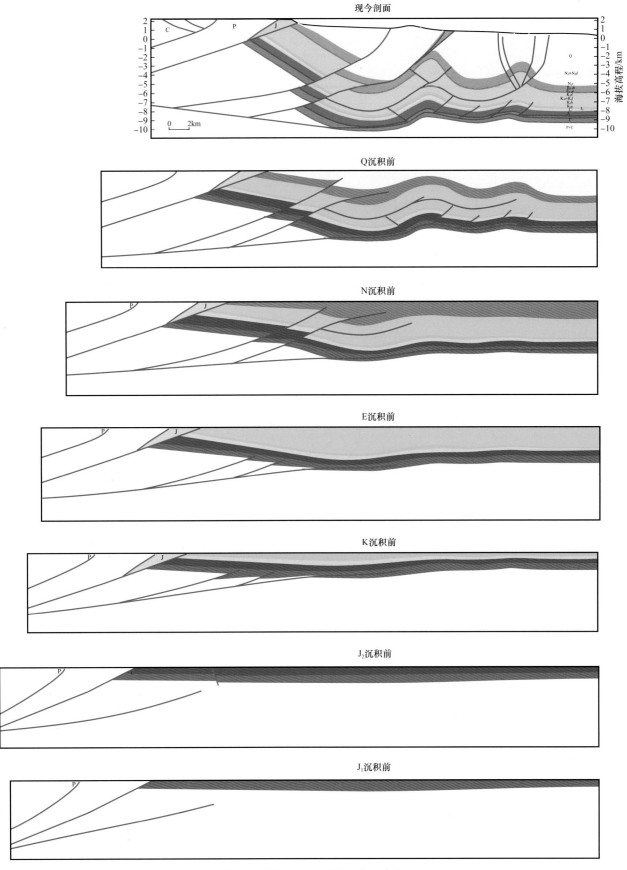

图4-5 南缘霍尔果斯剖面构造演化

早侏罗世（J₁），南缘地区处于伸展环境，受区域差异升降运动的影响，南部古生界石炭系依旧隆升成中高山系，中生界则赋存在相对下降的低洼处，伸展应力作用下，使南缘发育控制早侏罗世（J₁）沉积的小型高角度伸展断裂，此时南缘南部古地形受断裂控制，坡度依然陡峭。

头屯河组（J₂t）、齐古组（J₃q）、喀拉扎组（J₃k）沉积时期，湖盆已开始大面积缩小变窄，物源区的汇水面积减小，经过长时间的剥蚀夷平和充填作用，洪泛平原形成，之后研究区经历了较强的构造挤压作用，石炭系基底呈明显的三角楔形由南向北挤压逆冲，三角楔前缘坡度较缓，使南缘沉积的地层发生掀斜。三角楔前缘地层在此时期发生了褶皱变形，形成第二排背斜（霍尔果斯背斜）的雏形。

先前形成的控制早侏罗世（J₁）沉积的小型高角度伸展断裂在挤压构造应力作用下发生构造反转，与此同时先存的基底逆冲推覆断裂不断向前传播，与反转构造交会，基底卷入式逆冲断裂也开始发育，呈高角度逆冲，剖面上构成逆冲叠瓦状构造相交于基底逆冲推覆断裂之上。侏罗系被一组分支的逆冲断裂所冲断，形成一小型的三角楔形与下伏地层呈断裂接触。伴随着地壳快速抬升、冷却剥蚀事件，喀拉扎组（J₃k）风化剥蚀变薄。

白垩纪，构造运动相对稳定，南缘地层稳定沉积，基本继承了晚侏罗世的构造面貌，沉积了厚层的白垩系。

早新生代时期，由于印度次大陆与欧亚大陆南缘的碰撞作用，天山再次隆升，古近系沉积时期，南缘西段在强烈的挤压应力作用下第二排背斜（霍尔果斯背斜）幅度不断增大。随着挤压的进行，基底逆冲推覆断裂（最大的断裂）不断向北逆冲，在向北传播过程中倾角逐渐变缓，其分支的基底卷入式逆冲断裂不断发育新的分支断裂，切穿侏罗系、白垩系到达古近系。第二排褶皱（霍尔果斯背斜）的构造形态也不断显现；在白垩系吐谷鲁群中发生滑脱冲断，形成滑脱断裂。基底构造三角楔的形态和地层发生掀斜在此时期形态更加明显。

新近系沉积时期，与头屯河剖面及吐谷鲁剖面类似，在自南向北的强烈挤压应力作用下，在白垩系吐谷鲁群发育的滑脱断裂不断向前延伸。基底逆冲推覆断裂在向前传播过程中，为了调节挤压过程中遇到的反冲阻力，反向逆冲断裂和分支断裂不断发育，强烈的推挤使第二排背斜（霍尔果斯背斜）明显隆升，核部被基底逆冲推覆断裂发育的分支断裂所切割改造。第三排背斜（安集海背斜）的轮廓逐渐显现。

第三节　典型构造形成机理

一、地质构造分析及相似条件的确定

通过野外地质详查、地震剖面解译及构造演化过程分析，认为准噶尔盆地南缘中西段地区的典型构造，主要是受到自南向北的挤压应力作用形成的三排构造，三排构造自南向北依次形成，第一排及第二排构造变形较强烈，均有倒转背斜发育，第三排构造形成较晚，多为宽缓背斜，变形程度较低。三排构造均在一定程度上受到滑脱层的影响。

影响地质构造变形的主要因素有岩石成分、结构和构造，岩石溶液或水分含量、施力速度和施力方向，岩层厚度等。因此，需要根据实验构造变形条件和研究区岩石力学性质，选择最为相似的实验材料和最为接近的实验条件。在自然重力场中，松散石英砂的内摩擦角约为37°，其抗张强度接近于0，比较符合地壳浅层岩石的变形性质，适用于模拟如砾岩、石灰岩、砂岩等浅层岩石（Krantz，1991；Schellart，2000），而硅胶的内摩擦角约为25°，适用于模拟强度较小的非能干岩层，如泥岩层、煤层等滑脱层

（Weijermars et al.，1993）。为了便于观察挤压变形过程，本次实验使用力学性质完全一致的白、蓝两种颜色，粒径为0.2～0.6mm的松散石英砂模拟北天山前带的岩层，使用硅胶模拟滑脱层。

脆性岩层相似性关系中，相对独立的参数为 h、p、g、C。其中，h 通常随实验需求而改变；pm 为测量值，pn 为测量值或采用理论上的平均值（2400kg/m³）；$gm=gn=9.81m/s^2$（仅在离心机实验中重力加速度需单独考虑）；Cm 为测量值，Cn，为测量值或理论上的平均近似值（5MPa）。如果在模型和原型中，相对独立的参数（h、p、g、C）均为已知，相似性模型的比例因子 Sm 仅考虑二者为同一个数量级，即满足模拟关系（陈竹新等，2019）。在本次实验中采用较为中等的挤压变形速率（0.015mm/s），几何相似比为 5×10^{-6}，即 1mm 代表 200m。

二、南缘中段构造物理模拟

1. 南缘中段构造物理模拟——实验 1

实验1中在模型底部设置一套滑脱层，实验设计及模型中石英砂厚度及颜色设置如图4-6及表4-3所示。

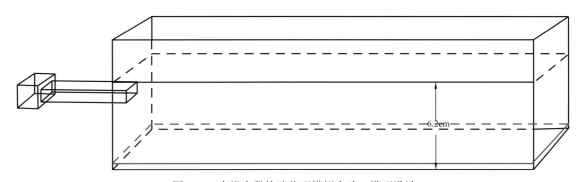

图 4-6　南缘中段构造物理模拟实验 1 模型设计

表 4-3　构造物理模拟实验 1 地层设置

地层	地层厚度 /km	模型 /cm	颜色
J_1b—J_2x	1.6	0.8	滑脱层蓝色，地层白色
J_2t—J_3	2.2	1.1	白色
K_1	1.8	0.9	棕色
K_2d	1.0	0.5	棕色
$E_{1-2}z$—$E_{2-3}a$	1.4	0.7	蓝色
N_1s—N_2d	1.0	0.5	蓝色
Q	2.0	1.0	白色

实验沙箱规格为 75cm（长）×25cm（宽）×30cm（高）。一端用固定挡板，另一端挡板可以活动，实验中使用电脑精确控制其移动速率，使用单向挤压力模拟自然界中地层单向挤压的现象。两侧为厚玻璃板进行封闭，便于照相机拍照记录。

在实验中，以玻璃微珠混合石英砂作为滑脱层，自侏罗纪中—晚期开始模拟，在挤压过程中逐步增加石英砂以模拟各地质历史时期沉积的地层，并在顶部用白砂模拟第四系同沉积地层。

实验结果显示断裂呈叠瓦状由挤压侧（左）向固定侧（右）依次产生，断裂的倾角向固定端逐渐减小。同沉积地层对构造发育具有较大影响（图4-7），最后一排断裂沿同沉积尖灭位置发育。

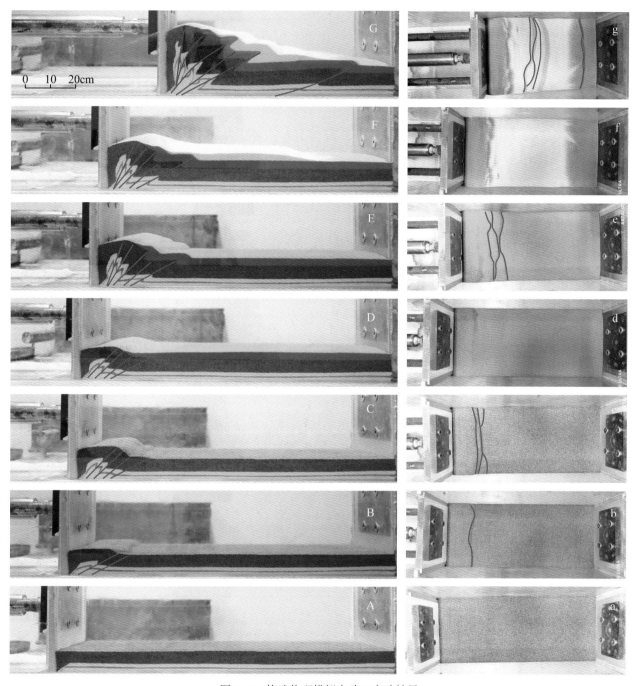

图4-7　构造物理模拟实验1实验结果

2. 南缘中段构造物理模拟——实验2

实验2中在模型底部设置一套滑脱层，实验设计及模型中石英砂厚度及颜色设置如图4-8及表4-4所示。

实验沙箱规格、挡板设计、施力方式同实验1。

实验2中采用湿石英砂作为古生代基底，以玻璃微珠混合石英砂作为滑脱层，自侏罗纪中—晚期开始模拟，在挤压过程中逐步增加石英砂以模拟各地质历史时期沉积的地层。

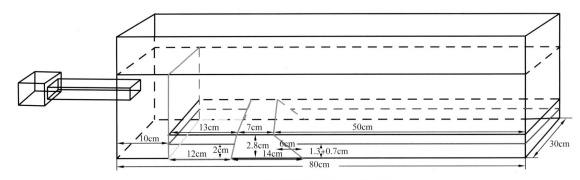

图 4-8　构造物理模拟实验 2 实验设计

表 4-4　构造物理模拟实验 2 地层设置

地层	地层厚度 /km	模型 /cm	颜色
T	1.4	0.7	棕色
$J_1b—J_2x$	1.6	0.8	滑脱层白色，地层蓝色
$J_2t—J_3$	2.2	1.1	红色
K_1	1.8	0.9	蓝色
K_2d	1.0	0.5	棕色
$E_{1-2}z—E_{2-3}a$	1.4	0.7	蓝色
$N_1s—N_2d$	1.0	0.5	棕色
Q	2.0	1.0	棕色

实验结果显示断裂呈叠瓦状由挤压侧（左）向固定侧（右）依次产生，断裂的倾角向固定端逐渐减小（图 4-9）。基底硬度较低，对构造发育影响较弱，导致其与实验 1 中的现象未产生明显差异。

3. 南缘中段构造物理模拟——实验 3

依据南缘中段的边界及基底条件，参考前几组实验结果，在实验 3 中在模型底部及中部分别设置一套滑脱层，实验设计及模型中石英砂厚度及颜色设置如图 4-10 及表 4-5 所示。

表 4-5　构造物理模拟实验 3 地层设置

地层	地层厚度 /km	模型 /cm	颜色
T	1.4	0.7	棕色
$J_1b—J_2x$	1.6	0.8	滑脱层蓝色，地层白色
$J_2t—J_3$	2.2	1.1	蓝色
K_1	1.8	0.9	滑脱层白色，地层棕色
K_2d	1.0	0.5	棕色
$E_{1-2}z—E_{2-3}a$	1.4	0.7	白色
$N_1s—N_2d$	1.0	0.5	蓝色
Q	2.0	1.0	白色

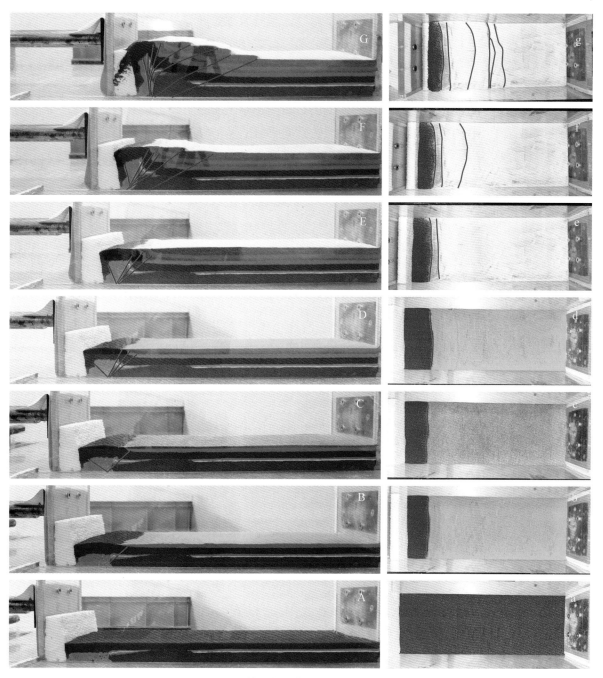

图 4-9　构造物理模拟实验 2 实验结果

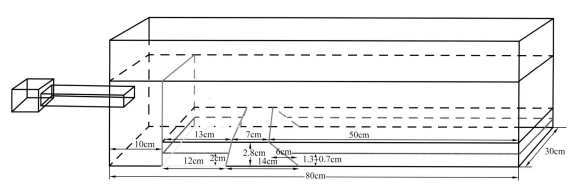

图 4-10　构造物理模拟实验 3 实验设计

实验沙箱规格、挡板设计、施力方式同实验1。

实验3中以玻璃微珠混合石英砂作为滑脱层，采用石英砂混合石灰凝固后作为古生代基底，并以此分隔后峡与准噶尔。自侏罗纪中—晚期开始模拟，在挤压过程中逐步增加石英砂以模拟各地质历史时期沉积的地层。

受基底形态影响，断裂呈叠瓦状在基底前端由挤压侧（左）向固定侧（右）依次产生，断裂的倾角向固定端逐渐减小（图4-11），并在基底前端产生反冲断裂。但基底左侧后峡地区变形较强烈，与实际地质情况中后峡地区构造形态差异较大。且准噶尔盆地部分未形成下一排断褶带，与实际情况不符，仍需进一步实验。

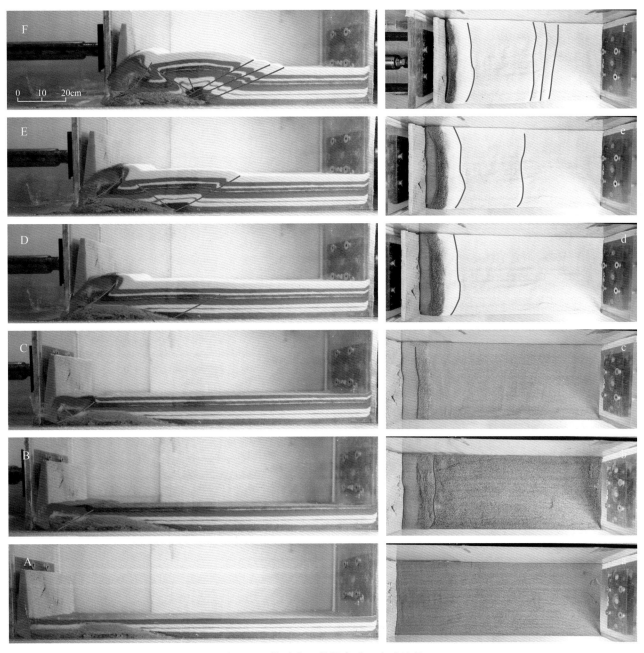

图4-11　构造物理模拟实验3实验结果

4. 南缘中段构造物理模拟——实验4

依据南缘中段地区的边界及基底条件，参考前几组实验结果，在实验6中模型底部及中部各设置一套滑脱层，实验设计及模型中石英砂厚度及颜色设置如图4-12及表4-6所示。

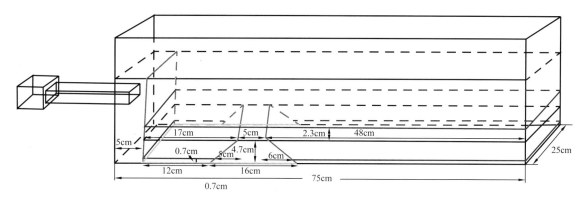

图4-12　构造物理模拟实验4实验设计

表4-6　构造物理模拟实验4地层设置

地层	地层厚度 /km	模型 /cm	颜色
T	1.4	0.7	棕色
J_1b—J_2x	1.6	0.8	滑脱层蓝色，地层白色
J_2t—J_3	2.2	1.1	蓝色
K_1	1.8	0.9	滑脱层白色，地层棕色
K_2d	1.0	0.5	棕色
$E_{1-2}z$—$E_{2-3}a$	1.4	0.7	白色
N_1s—N_2d	1.0	0.5	蓝色
Q	2.0	1.0	白色

实验沙箱规格、挡板设计、施力方式同实验1。

为增加实验与实际地质情况的吻合度，实验4中以硅胶作为滑脱层，采用石英砂混合石灰凝固后作为古生代基底，并以此分隔后峡与准噶尔。自古近纪开始模拟，在挤压过程中逐步增加石英砂以模拟各地质历史时期沉积的地层，依据相似比，以0.0025mm/s的速率挤压。

实验4结果显示，断裂呈叠瓦状在基底前端由挤压侧（左）向固定侧（右）依次产生，断裂的倾角向固定端逐渐减小，并在基底前端产生反冲断裂（图4-13）。在挤压初期，部分断裂被中部滑脱层阻挡，未向上传播，随着挤压的持续，断裂穿过中部滑脱层，最终被顶部滑脱层所阻挡。三排断裂的倾角向固定端逐渐减小。

滑脱断裂的存在导致第一排和第二排断褶带之间的距离较无滑脱层增大，第二排断裂在滑脱层及同沉积地层的影响下自同沉积尖灭部位冲出地表，第三排断褶带明显沿滑脱层传播至地表。

准噶尔盆地部分（基底右侧）的实验结果整体上与实际地质情况较为吻合，但由于基底采用的材料硬度较大，导致后峡盆地部分（基底左侧）未发生明显变形，仍需进一步实验。

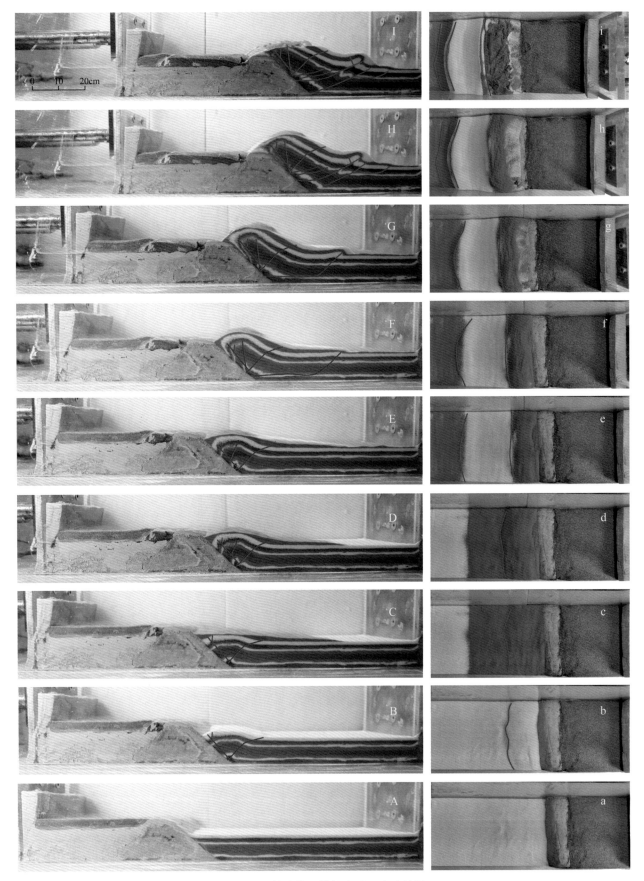

图 4-13　构造物理模拟实验 4 实验结果

5. 南缘中段构造物理模拟——实验5

依据南缘中段地区的边界及基底条件，参考前几组实验结果，在实验5中模型底部、中部及顶部各设置一套滑脱层，实验设计及模型中石英砂厚度及颜色设置如图4-14及表4-7所示。

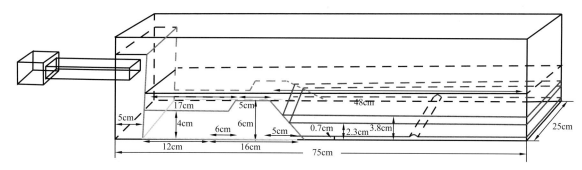

图4-14　构造物理模拟实验5实验设计

表4-7　构造物理模拟实验5地层设置

地层	地层厚度/km	模型/cm	颜色
P+T	0.4+1.4	0.2+0.7	滑脱层蓝色，地层红色
J_1b—J_2x	1.4	0.7	地层白色
J_2t—J_3	0.6	0.3	地层蓝色
K_1—K_2d	2.8	1.4	滑脱层蓝色，地层白色
$E_{1-2}z$—$E_{2-3}a$	1.2	0.6	滑脱层蓝色，地层蓝色
N_1s—N_2d	2.0	1.0	白色
Q	1.4	0.7	蓝色

实验沙箱规格、挡板设计、施力方式同实验1。

为增加实验与实际地质情况的吻合度，实验7中以硅胶作为滑脱层，采用石英砂混合石膏半凝固后作为古生代基底，以降低基底硬度，增加其塑性，并以此分隔后峡与准噶尔。依据相似比，以0.0025mm/s的速率挤压模型。

实验5结果显示，断裂呈叠瓦状在基底前端由挤压侧（左）向固定侧（右）依次产生，断裂的倾角向固定端逐渐减小，并在基底前端产生反冲断裂（图4-15）。在挤压初期，部分断裂被中部滑脱层阻挡，未向上传播，随着挤压的持续，断裂穿过中部滑脱层，最终被顶部滑脱层所阻挡。三排断裂的倾角向固定端逐渐减小。

滑脱断裂的存在导致第一排和第二排断褶带之间的距离较无滑脱层增大，第二排断裂在滑脱层及同沉积地层的影响下自同沉积尖灭部位冲出地表，第三排断褶带明显沿滑脱层传播至地表，南缘中西段部分（基底右侧）的实验结果整体上与实际地质情况较为吻合。

三、南缘西段构造物理模拟

1. 南缘西段构造物理模拟——实验6

由于南缘西段主要受依林黑比尔根山的影响，应力方向相对单一，采用平直的挤压面。由于存在两套滑脱层，因此分别在模型底部及中部设置两套硅胶层模拟滑脱层，实验的剖面示意图如图4-16所示。

实验沙箱规格为50cm（长）×25cm（宽）×30cm（高）。一端用固定挡板，另一端挡板可以活动，实验中使用电脑精确控制其移动速率，使用单向挤压力模拟自然界中地层单向挤压的现象。两侧为厚玻璃板进行封闭，便于照相机拍照记录。

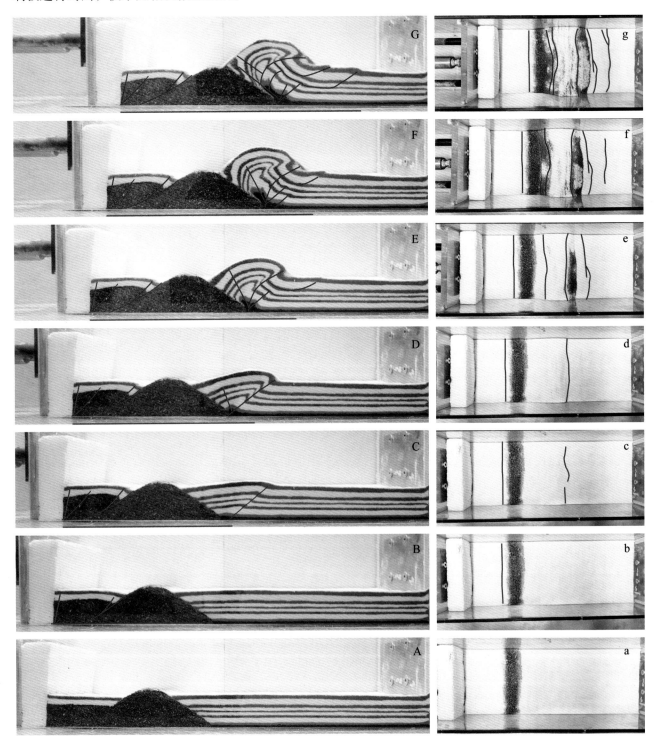

图4-15　构造物理模拟实验5实验结果

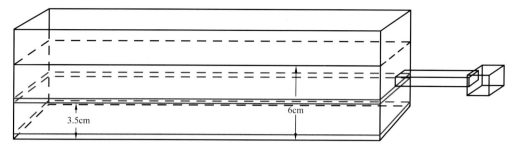

图 4-16　构造物理模拟实验 6 设计

此次实验按照实际地质现象进行比例化模拟，地层厚度设置为 6cm，挤压距离设置为 14cm。实验材料选用白色石英砂作为地层，用蓝色石英砂作为地层分界。平均地层厚度为 1cm。实验过程采用单侧挤压，移动端（右端）以特定的速率向左推进，模拟自然界中的构造挤压，挤压速率设置为 0.05mm/s，过程中不考虑沉积与剥蚀。

1）实验结果

在挤压 2cm 时出现第一条断裂 F1，在挤压 6cm 时，第二条断裂 F2 出现，并沿中部的滑脱层向前传播。在挤压 8cm 时，随着挤压运动的持续，在 F2 断裂上盘发育一条分支断裂，F2 整体呈底部逆冲、中部滑脱、上部逆冲的构造特征，在挤压 10cm 时，断裂 F3 形成，此时第二排构造基本形成。在挤压 12cm 时，断裂 F4 沿底部滑脱层向前传播，并向上冲出地表，F4 上盘地层弯曲。在挤压 14cm 后，第三排构造初步形成（图 4-17）。

2）实验结果分析

此次实验中断裂 F2 及 F4 分别沿中部滑脱层及底部滑脱层向前传播，且中部滑脱层上下的构造形态有较大差异，说明滑脱层不仅起到辅助应力传播的作用，还可分割其上下构造层。

2. 南缘西段构造物理模拟——实验 7

为更准确地反映实际构造演化情况，实验 7 中采取更精确的相似比及三层硅胶模拟滑脱层，实验沙箱规格、挡板设计、施力方式同实验 1。

此次实验按照实际地质现象进行比例化模拟，地层厚度设置为 5cm，挤压距离设置为 16cm。实验设计及模型中石英砂厚度及颜色设置如图 4-18 及表 4-8 所示。实验过程采用单侧挤压，移动端（左端）以特定的速率向右推进，模拟自然界中的构造挤压，挤压速率设置为 0.0025mm/s，过程中不考虑沉积与剥蚀。

表 4-8　构造物理模拟实验 7 地层设置

地层	地层厚度 /km	模型 /cm	颜色
T	0.8	0.4	滑脱层蓝色，地层红色
J_1b—J_3	1.6	0.8	地层白色
K_1—K_2d	2.0	1.0	滑脱层白色，地层蓝色
$E_{1-2}z$—$E_{2-3}a$	1.0	0.5	滑脱层蓝色，地层白色
N_1s—N_2d	2.4	1.2	地层蓝色
Q	2.2	1.1	地层白色

实验 7 中（图 4-19）可观察到断裂呈叠瓦状由挤压侧（左）向固定侧（右）依次产生，在挤压初期，部分断裂被中部滑脱层阻挡，未向上传播。随着挤压的持续，断裂穿过中部滑脱层，最终被顶部滑脱层所阻挡。三排断裂的倾角向固定端逐渐减小。

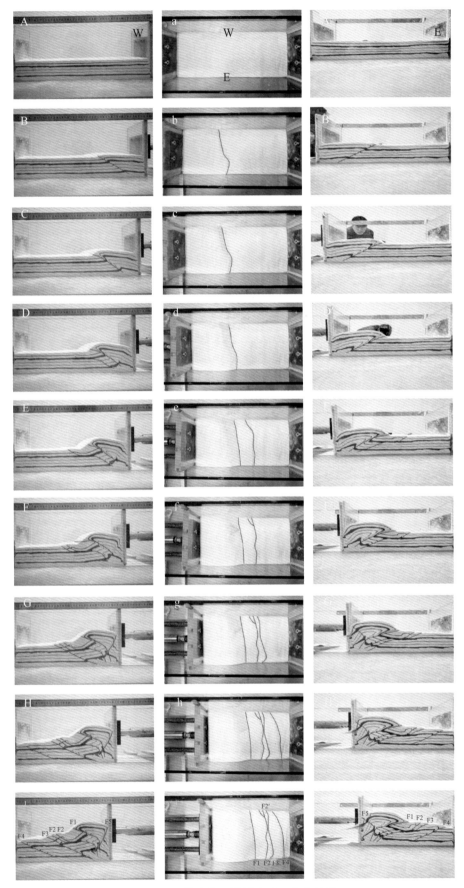

图4-17　构造物理模拟实验6实验结果

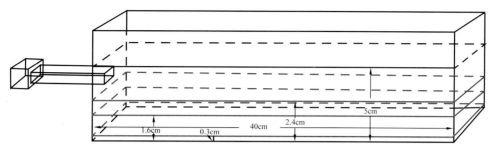

图 4-18　构造物理模拟实验 7 模型设计

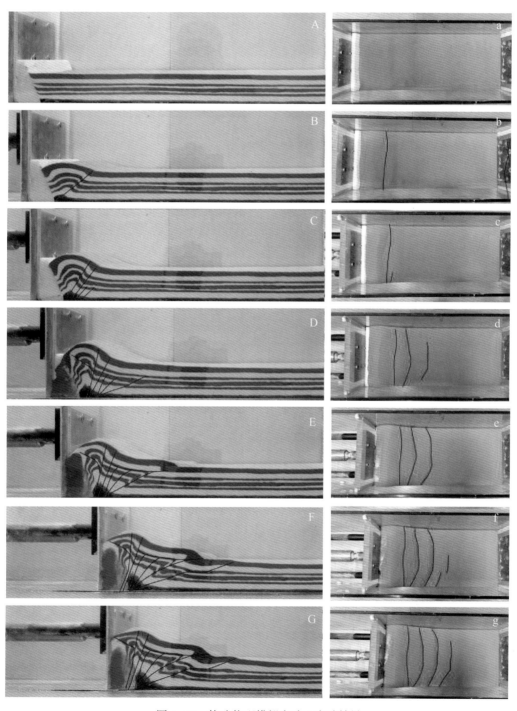

图 4-19　构造物理模拟实验 7 实验结果

滑脱断裂的存在导致第一排和第二排断褶带之间的距离较无滑脱层增大，第三排断褶带明显沿滑脱层传播至地表。

四、实验结果与实际构造特征的对应关系

通过对南缘中段进行构造物理模拟，发现在改变挤压边界形状的情况下，构造带在平面上表现出中部内凹的特征，在实际地质现象中喀拉扎背斜及昌吉背斜的轴线方向同样呈一定夹角，说明应力方向在一定程度上影响了构造的延伸方向。在未加滑脱层的情况下，各构造带之间的间距较小，应力传播距离较近。在添加滑脱层之后，各构造带之间的距离增大，且反冲断裂较为发育。说明滑脱层在一定程度上有助于应力的传播，使构造带在更远离造山带的地区发育，同时也吸收了构造应力，间接导致反冲断裂的形成，图4-19中的构造与图2-32在剖面上较为相似，一定程度上证明了东段的构造特征主要受应力方向及滑脱层的控制。

对中西段的构造物理模拟实验结果显示均匀地层在单向挤压应力作用下，形成了三排近乎平行的构造带，其中第一排及第二排的褶皱主要为后翼缓、前翼陡，并伴有地层倒转的断裂传播褶皱，第三排的褶皱初步形成，还未发生地层倒转。这与实际地质现象中南缘中西段地区的三排构造带有很好的对应性。断裂在滑脱层中向前传播并冲出地表的现象也和霍—玛—吐断裂具有较强的相似性，同时滑脱层上下的构造差异性也通过构造物理模拟进行了还原。

综上，构造物理模拟实验与实际地质现象有较强的相似性，表明应力方向在一定程度上影响了构造的延伸方向，滑脱层在一定程度上有助于应力的传播，使构造带在更远离造山带的地区发育，同时也吸收了构造应力，间接导致反冲断裂的形成，同时滑脱层还起到了分隔上下构造层的作用。

|第五章| 结论与认识

通过详细的野外地质调查与地震剖面的解译，揭示了南缘中西段的典型构造特征，并结合构造演化过程分析和构造物理模拟实验，分析其形成演化过程及成因机制，得出以下结论和认识：

（1）由于北天山的隆升，准噶尔盆地南缘中西段发育了三排褶皱带、一条区域性大断裂及众多小型断裂，控制了该区的构造格局，三排褶皱构造受北天山内大型走滑断裂影响，表现为斜列式分布，在垂直于造山带的剖面上，主要能切到两排背斜带。

（2）准噶尔盆地南缘中西段地区第一、二排褶皱带构造变形最为强烈，其中托斯台构造群中发育多个倒转背斜，霍—玛—吐背斜同样表现为倒转背斜，并且第一排背斜带首先形成，然后是受滑脱构造影响，形成第二排背斜带，最后是第三排背斜带。

（3）头屯河剖面东部构造线呈北东东—南西西走向，而西部构造线呈北西西—南东东走向，两者呈大角度相交，分析其是受依林黑比尔根山及博格达山隆升导致的不同时期、不同方向的挤压应力作用影响的结果。

（4）在吐谷鲁河剖面、奎屯河剖面、四棵树河剖面观察到石炭系与上覆中生代地层之间呈角度不整合接触关系，而非前人认为的断裂接触关系，说明盆地南缘中生界与石炭系基底主要是超覆关系，目前看到的断裂是后期形成的，并不能对中生界沉积起控制作用。

（5）准噶尔盆地南缘山前构造带主要形成于第四纪喜马拉雅构造运动时期，第一排构造形成于中新世，第二排构造形成于上新世，第三排构造形成于第四纪，其中中段滑脱距离最大，可达4km以上。

（6）南缘西段阿尔钦沟剖面发育的北阿尔钦沟背斜的北翼侏罗系齐古组中发现了同生变形构造，显示该背斜应该在侏罗纪末期就已开始形成，被后期的构造运动进一步复杂化。

（7）南缘西段的白杨河地区，盆山边界发现了走滑断裂，中生界与石炭系被走滑断裂错开，断面上发现大量水平擦痕，显示走滑构造对四棵树凹陷内部构造变形有明显的控制作用。

（8）构造物理模拟显示，盆地南缘应力方向在一定程度上影响了构造的延伸方向，滑脱层在一定程度上有助于应力的传播，使构造带在更远离造山带的地区发育；双层滑脱层的存在导致应力传播距离增大，表现为三排构造带间的间隔较远，同时滑脱层也造成其上下构造差异性较大的构造分层现象。

（9）准噶尔盆地南缘山前构造带发育多种典型构造，如转换断裂、滑脱断裂、断裂传播褶皱、反冲断裂等，其所受应力及滑脱层的存在控制了构造的形成演化。

（10）准噶尔盆地南缘正、逆及走滑断裂均有发育，以逆断裂为主，其中区域性断裂为霍—玛—吐断裂，在剖面深部表现为逆冲断裂，在中部转换为近乎水平延伸的逆掩断裂，在靠近地表处倾角再次变陡，与其上盘背斜共同组成断裂传播褶皱。

（11）南缘山前独山子以东地区构造变形更为强烈，发育3排背斜带，其中第2排背斜为倒转背斜；独山子以西第3排背斜均未出露，第1～2排背斜近于合并，倒转背斜与斜歪背斜均有；背斜整体由山前向盆地形成时间变新，构造应力来自北天山隆升。

|附录| 野外地质工作方法

一、GPS 定位导航技术

全球定位系统 GPS 的英文全称是 Global Positioning System，意为"全球定位系统"，它可以在全球范围内全天候、全天时为各类用户提供高精度、高可靠的定位、导航和授时服务。GPS 计划起步于 1973 年，1978 年发射首颗卫星，1994 年系统全面建成。GPS 定位导航系统主要为军事需要而研发和制造，但民用范围也越来越广，比如汽车、轮船、飞机定位与导航，野外施工定位与导航等，GPS 接收机已成为地质人员野外露头踏勘的必备设备。随着技术革命，GPS 接收机也不断更新换代，测量精度也不断提高。本课题野外踏勘所使用的 GPS 接收机是 eTrex301 型，定位精度为 3m，可生成和导出航迹。

二、高清晰度精确摄影

野外露头踏勘及信息采集，离不开像素高的照相机。最早的图像采集设备诞生于 20 世纪 60 年代的美国，主要用于军事和太空探索。随着半导体技术的发展和成本的大幅度降低，其应用开始向民用领域推广。1992 年，柯达公司率先进入数码相机生产领域，如今世界上生产照相机的公司均已涉足数码相机生产，其中具有影响力的包括 Ricoh（理光）、Olympus（奥林巴斯）、Sony（索尼）、Cannon（佳能）等。目前市场上较为流行的是数码单反相机，包括佳能的 EOS 系列、索尼的 A99 系列、尼康 D800 系列等。本课题野外踏勘所使用的数码相机为佳能的 EOS 5D Mark III，该相机为全画幅，2230 万像素，支持连拍（6 张 / 秒），快门速度最高可达 1/8000 秒。

三、地质构造的野外观察和描述方法

在中—大尺度的野外地质勘察中，常见的地质构造主要为褶皱、断裂、沉积构造及地层接触关系等。在博格达山北麓的野外勘察中，将采用以下方法对典型地质构造现象进行观察和描述。

1.褶皱构造的观察和描述

（1）确定岩层的岩性和时代：观察和确定褶曲核部和两翼岩层的岩性和时代；

（2）确定褶皱的产状：观察褶皱两翼岩层的倾斜方向、转折端的形态和顶角的大小，并确定褶曲轴面及枢纽的产状；

（3）确定褶皱的类型，并推断形成时代和成因：根据褶曲的形态、两翼岩层和枢纽的产状确定褶曲的形态、进一步分析推断褶皱的形成时代和成因。

2.断裂的观察和描述

（1）观察、收集断裂存在的标志：包括断裂破碎带、断裂角砾岩、断裂滑动面、牵引构造、断裂崖、断裂三角面等；

（2）确定断裂的产状：测量断裂两盘岩层的产状、断面产状、两盘的断距等；

（3）确定断裂两盘运动方向：根据擦痕、阶步、牵引褶曲、地层的重复和缺失现象确定两盘的运动方向；

（4）确定断裂的类型：根据断裂两盘的运动方向，断裂面的产状要素，断裂面产状和岩层产状的关系确定出断裂的类型；

（5）破碎带的详细描述：对断裂破碎带的宽度、断裂角砾岩、填充物质等情况进行详细描述；

（6）素描、照相和采集标本。

参 考 文 献

白斌，2008. 准噶尔南缘构造沉积演化及其控制下的基本油气地质条件［D］. 西北大学.

蔡忠贤，陈发景，贾振远，2000. 准噶尔盆地的类型和构造演化［J］. 地学前缘，7（4）：431-440.

陈发景，汪新文，汪新伟，2005. 准噶尔盆地的原型和构造演化［J］. 地学前缘（中国地质大学（北京）；北京大学），12（3）：77-88.

陈发景，汪新文，张光亚，等，1996. 新疆塔里木盆地北部构造演化与油气关系［M］. 北京：地质出版社.

陈新，卢华复，舒良树，等，2002. 准噶尔盆地构造演化分析新进展［J］. 高校地质学报，8（3）：257-267.

陈哲夫，张良辰，1992. 新疆维吾尔自治区区域地质志［M］. 北京：地质出版社.

陈竹新，等，2019. 构造变形物理模拟与构造建模技术及应用［M］. 北京：科学出版社.

崔立伟，孔令湖，张苏江，等，2017. 内蒙古中西部地区金属矿产成矿带划分及构造演化特征［J］. 有色金属工程，7（4）：88-95.

何治亮，苟华伟，李孝容，等，1992. 塔里木板块石炭—二叠纪原型盆地与沉积模式［J］. 石油与天然气地质，13（1）：1-14.

侯蓉，魏凌云，王振奇，2017. 准噶尔盆地南缘霍玛吐背斜带构造演化分析［J］. 中国锰业，35（4）：5-8.

赖世新，黄凯，陈景亮，等，1999. 准噶尔晚石炭世、二叠纪前陆盆地演化与油气聚集［J］. 新疆石油地质，20（4）：293-297.

李景明，魏国齐，2002. 中国大中型气田富集区带［M］. 北京：地质出版社.

李景明，魏国齐，李东旭，等，2003. 中国西部叠合盆地天然气勘探前景［A］.21世纪中国暨国际油气勘探展望［C］. 北京：中国石化出版社.

李学义，王兵，于兴河，等，2017. 准噶尔盆地典型野外地质露头踏勘指南［M］. 北京：石油工业出版社.

李永安，1995. 新疆塔里木及周边古地磁研究与盆地形成演化探讨 // 新疆第三届天山地质矿产学术讨论会论文专辑［C］. 乌鲁木齐：新疆人民出版社.

林水清，王均红，张高源，等，2015. 伊犁盆地伊宁凹陷构造变形特征与主控因素分析［J］. 石油实验地质，37（6）：713-720.

刘和甫，1995. 前陆盆地类型及褶皱—冲断裂样式［J］. 地学前缘（中国地质大学，北京），2（2-3）：59-67.

潘春孚，张常久，纪友亮，等，2013. 准噶尔南缘前陆盆地物源体系演化规律［J］. 大庆石油地质与开发，32（4）：20-23.

漆家福，陈书平，杨桥，等，2008. 准噶尔—北天山盆山过渡带构造基本特征［J］. 石油与天然气地质，29（2）：252-260+282.

曲国胜，马宗晋，陈新发，等，2009. 论准噶尔盆地构造及其演化［J］. 新疆石油地质，30（1）：1-5.

任纪舜，2003. 新一代中国大地构造图——中国及邻区大地构造图（1：5000000）附简要说明：从全球看中国大地构造［J］. 地球学报，24（1）：1-2.

孙自明，熊保贤，李永林，等，2001. 三塘湖盆地构造特征与有利勘探方向［J］. 石油实验地质，23（1）：23-26+37.

塔斯肯，李江海，李洪林，等，2014. 中亚与邻区盆地群构造演化及含油气性［J］. 现代地质，28（3）：573-584.

塔斯肯，刘波，师永民，等，2018. 哈萨克斯坦曼格什拉克盆地构造演化与油气系统研究［J］. 地质论评，64（2）：509-520.

汤良杰，1996. 塔里木盆地演化和构造样式［M］. 北京：地质出版社.

田在艺，柴桂林，林梁，1990. 塔里木盆地的形成与演化［J］. 新疆石油地质，11（4）：259-275.

汪劲草，夏斌，嵇少丞，2003. 论构造透镜体控矿［J］. 中国科学（D辑：地球科学），33（8）：745-750.

王广瑞，1996. 中国新疆北部及邻区构造—建造图说明书［M］. 武汉：中国地质大学出版社.

王伟锋，王毅，马宗晋，等，1999.准噶尔盆地构造分区和变形样式［J］.地震地质，21（4）：324-333.

王务严，吴绍祖，吴晓智，等，1997.新疆北部福海地区大地构造特征［J］.新疆石油地质，18（1）：18-23+5.

王郁明，1992.准噶尔盆地油气地质综合研究［M］.兰州：甘肃科技出版社.

吴孔友，查明，王绪龙，等，2005.准噶尔盆地莫索湾地区断裂控油作用［J］.地质力学学报，11（1）：60-65.

吴庆福，1986.准噶尔盆地构造演化与找油领域［J］.新疆地质（3）：1-19.

席怡，2013.准噶尔盆地南缘前陆冲断带的地质结构与形成演化［D］.中国地质大学（北京）.

杨文孝，况军，徐长胜，1995.准噶尔盆地大油田形成条件和预测［J］.新疆石油地质，16（3）：201-211.

张朝军，何登发，吴晓智，等，2006.准噶尔多旋回叠合盆地的形成与演化［J］.石油地质（1）：47-57.

张功成，刘楼军，陈新发，等，1998.准噶尔盆地结构及其圈闭类型［J］.新疆地质，16（3）：221-229.

赵白，1992.准噶尔盆地的形成与演化［J］.新疆石油地质，13（3）：191-196.

朱夏，1983.中国中新生代盆地构造和演化［M］.北京：科学出版社.

Allen P A，Allen J R，1990. Basin analysis，principle and application［M］. Blackwell Scientific Publications：Oxford：129-137.

Beaumont C，Quinlan G M，Hamilton J，1987. The allegenian orogeny and relationship to the evolution of the eastern interior，North America［J］. Canadian Society of petroleum Geologists Memoir 12：43-47.

Butler R W H，Bond C E，Cooper M A，et al.，2018. Interpreting structural geometry in fold-thrust belts：Why style matters［J］. Journal of Structural Geology.

Krantz R W，1991.Measurements of friction coefficients and cohesion for faulting and fault reactivation in laboratory models using sand and sand mixtures［J］.Tectonophysics，188（1-2）：203-207.

Schellart W P，2000. Shear test results for cohesion and friction coefficients for different granular materials：Scaling implication for their usage in analogue modelling.Tectonophysics，324（1-2）：1-16.

Shaw J H，2005. Seismic Interpretation of Contractional Fault-Related Folds：An AAPG Seismic Atlas［M］. American Association of Petroleum Geologists.

Weijermars R，Jackson M，Vendeville B，2003. Rheological and tectonic modeling of salt provinces［J］. Tectonophysics，217（1-2）：143-174.

典型地质现象索引